环境设计
手绘表现技法

（新一版）

吴卫光 主编　张心　陈瀚 编著

上海人民美术出版社

图书在版编目（CIP）数据

环境设计手绘表现技法：新一版／张心，陈瀚编著.—上海：上海人民美术出版社，2020.1（2022.1重印）
ISBN 978-7-5586-1568-9

Ⅰ.①环… Ⅱ.①张…②陈… Ⅲ.①环境设计—绘画技法 Ⅳ.①TU-856

中国版本图书馆CIP数据核字（2020）第013158号

环境设计手绘表现技法（新一版）

主　　编：吴卫光

编　　著：张　心　陈　瀚

统　　筹：姚宏翔

责任编辑：丁　雯

流程编辑：孙　铭

版式设计：朱庆荧

技术编辑：史　湧

出版发行：上海人民美术出版社
　　　　　（地址：上海市闵行区号景路159弄A座7F　邮编：201101）

印　　刷：上海丽佳制版印刷有限公司

开　　本：889×1194　1/16　9.5印张

版　　次：2020年4月第1版

印　　次：2022年1月第2次

书　　号：ISBN 978-7-5586-1568-9

定　　价：68.00元

序言

　　培养具有创新能力的应用型设计人才，是目前我国高等院校设计学科下属各专业人才培养的基本目标。一方面，这个基本目标，是由设计学的学科性质所决定的。设计学是一门综合性的学科，兼有人文学科、社会科学与自然科学的特点，涉及精神与物质两个方面的考虑。从"设计"这个词的语源来看，创新与应用是其题中应有之义。尤其在高科技和互联网已经深入到我们生活中每一个细节的今天，设计再也不是"纸上谈兵"，一切设计活动都与创造直接或间接的经济利益和物质财富紧密相关。另一方面，这个目标，也是新世纪以来高等设计专业教育所形成的一种新型的人才培养模式。在从"中国制造"向"中国创造"转型的今天，早已在全国各地高等院校生根开花的设计专业教育，已经做好了培养创新型人才的准备。

　　本套教材的编写，正是以培养创新型的应用人才为指导思想。

　　鉴此，本套教材极为强调对设计原理的系统解释。我们既重视对当今成功设计案例的批评与分析，更注重对设计史的研究，对以往的历史经验进行总结概括，在此基础上提炼出设计自身所具有的基本原则和规律，揭示具有普遍性、系统性和对设计实践具有切实指导意义的设计原理。其实，这已经是设计专业教育的共识了。本套教材希望将设计的基本原理、系统方法融汇到课程教学的各个环节，在此基础上，以原理解释来开发学生的设计思维，并且指导和检验学生在课程教学中所进行的一系列设计练习。

　　设计的历史表明，推动设计发展的动力，通常来自社会生活的需求和科学技术的进步，设计的创新建立在这两个起点之上。本套教材的另一个特点，便是引导学生认识到设计是对生活问题的解决，学会利用新的科学技术手段来解决社会生活中的问题。本套教材，希望培养起学生对生活的敏感意识，对生活的关注与研究兴趣，对新的科学技术的学习热情，对精神与物质两方面进行综合思考的自觉，最终真正将创新与应用落到实处。

　　本套教材的编写者，都是全国各高等设计院校长期从事设计专业的一线教师，我们在上述教学思想上达成共识，共同努力，力求形成一套较为完善的设计教学体系。

吴卫光

于 2016 年教师节

目录　Contents

Chapter 3

设计逻辑带入效果表现

Chapter 4

技法与延伸

Chapter 5

主题空间表现

Chapter 1
传达与表述

一、设计意念与信息传达

1. 手绘传达设计信息的意义

　　手绘是对设计意向的初步表述，它既可以是对设计成果的描绘，也可以作为设计过程推敲和推演的一项专业技能。
而通过手绘进行表述的目的是为了将设计内容更好地呈现在设计成果中（图1）。

　　这种通过手绘的设计表述与传达含有两个层面的意义，一方面是帮助设计师进行自我设计观点的转述，另一方面是
通过这种方式将设计构思与内容进行对外传达。设计师通过手绘图进行设计观点的表述是一种最直接快速的方法，它可
以在最短的时间内对设计师的构想进行初步的研判，以便在合理的时间内获取一个更令人满意的设计答案，而这一答案
和研判方式是综合了诸多专业性观点所达成的效果。对外传达在整个设计决策中亦是绝不可少的，它是将我们的设计构
思向老师或同学甚至业主传达的一种方式，我们通过这样的手绘表达来供他人评估以及与他人沟通。

| 成果表述 | 过程推敲 | 自我传达 | 对外传达 |

 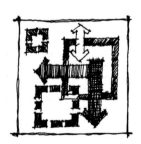  

❶

❶ 手绘传达设计信息示意图

2. 有序合理的手绘表达

为了将设计的程序更加有效快速地呈现出来，我们的设计表述方式需要有组织有序地进行，这正如我们在进行设计作业的整个过程中，需要遵循专业合理的设计流程，依照合理的流程有助于我们将设计的成果更为科学、合理地转化为现实。

有序合理的手绘表达体现在几个方面。首先我们要清楚明确地告知我们所要表达的是什么样的内容；其次要说明设计的观点是怎么样的，它所具有的特色特点是什么；最后还要着重强调设计的亮点等等。这正如写文章，书写受限于基本的大纲框架。

在设计手绘表达的范畴中，我们可以通过不同的工具来进行不同内容的表达，对于不同的表达对象我们可以合理地选择相应的表述方式。例如彩色铅笔较为细腻，在园林景观空间的快速表述过程中具有较高的效率，同时也利于园林绿化的质感表达；而对于带有较强金属质感的商业空间，更多的设计师会选择采用马克笔进行质感描绘，马克笔笔触的干净爽朗更有利于金属质感的反光效果的处理；再有，马克笔与彩色铅笔由于工具的不同，所描绘的笔触和质地都会有所不同，但将它们结合起来使用又可达到既整体又细腻的效果。因而，确定好选择什么样的工具和如何表述也是设计手绘表达的一个前提。

时间的把握是设计流程每一个环节中都十分关键的一个要素，在不同的时间与不同的设计流程中，作为设计师的我们都必须保证在规定的时间内快速地完成自己的设计，而且要兼顾设计内容呈现的完整性（图 2）。因此，我们需要衡量在固定的时间内应采用什么样的手绘表达方式、这种表述方式的细腻程度如何、手绘的细化展开工作等等应该如何进行。总之，合理地把控好设计流程时间也是进行设计与表达的关键。

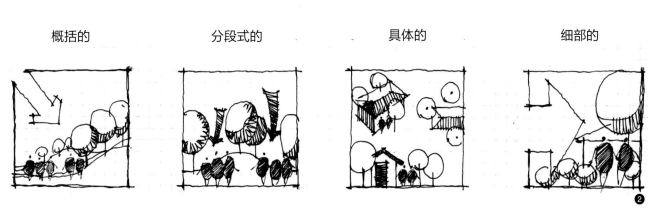

概括的　　　　　　分段式的　　　　　　　具体的　　　　　　　细部的

❷ 有序合理的手绘表达示意图 绘者：陈瀚

3. 手绘与设计信息的表达

手绘效果图本身是一种概括性的信息表达。在设计方案的开始，往往有诸多不确定因素，设计师本身也可能有多个设计构思，有时从一开始就可能有多个设计意向，有时设计方案在进行到一定程度之后由于各种因素的介入而有了新的方向，因而设计方案总是不能够如一而终。假设一个设计项目有 N 稿过程方案，那么手绘效果就是一种既高效又节约成本的制作方式了，尤其是在设计的初期，手绘表达可以从多个角度将设计的不同信息在短时间内概括性地表达出来。由

009

Chapter 1 传达与表述

Chapter 2 由浅入深的设计表达

Chapter 3 设计逻辑带入效果表现

Chapter 4 技法与延伸

Chapter 5 主题空间表现

于在设计的初阶段，许多具体的材质细节还未能加以具体判断，快速手绘的表达显得概括而又扼要，通常是对主要空间效果的概括性表达（图3）。

设计方案进入推敲深入阶段之后，手绘的表达变得更为具体了。这个时候手绘的表达从概括转为分段式的具体表达，例如每个空间结构的具体推敲，空间关系、色彩、材质等等的进一步判定。这种具体空间的推敲通过手绘的反复快速表达，能够帮助设计者在更短的时间内获取更为准确的设计效果（图4）。

在设计接近成果的阶段，手绘的表达变得更为频繁，某一个结构的细节处理往往在电脑效果图上得不到细致的答案，推敲的前期总是从手绘图纸开始的。电脑施工图纸出现错误时，在施工现场的设计师通过现场手绘，可以在最短的时间内将结果直接反映给施工方。

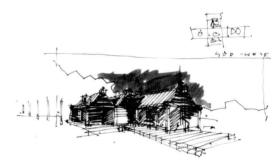

❸

❸ ❹ 《德国手绘建筑画》 作者：乔纳森·安德鲁斯（Jonathan Andrews）；译者：王晓倩；出版社：辽宁科学技术出版社

❹

011

Chapter 1
传达与表述

Chapter 2
由浅入深的设计表达

Chapter 3
设计逻辑带入效果表现

Chapter 4
技法与延伸

Chapter 5
主题空间表现

二、通过手绘进行设计信息的描述

1. 将信息转化为图形——概念图的描绘

　　许多初学设计的同学，在看到精彩的设计效果图时常常心存敬意，甚至会误以为设计稿是从一开始就已经是精彩入微了，其实不然，严谨的设计方案通常是从设计概念示意图开始的，是设计者在概念示意图的基础上经由苦心经营才慢慢地展现出设计方案最终的精彩效果的。做设计方案就如同写作，它需要有中心内容和大纲，需要有关键词也应该具备修饰性的词语，概念示意图能够帮助设计者将设计的中心内容梳理清晰以利于后续的深入设计。设想一个设计方案的展开之初，它可能是呈树状发展的，设计的初衷可能是某一个清晰的点，但在它"生长"的过程中可以有多变的外观、结构以及设计逻辑上的各种信息。因而设计的构思过程是有多重思路的，我们可以利用简单的概念示意图反复推敲，强化设计概念的逻辑性（图5）。

　　设计构思之初的各种信息和层级关系在图纸上以符号的形式进行表达有利于设计思维的疏导。头脑风暴是放散式设计思维的一种模式，而这种模式也可以通过简单的绘图进行表达（图6、图7）。

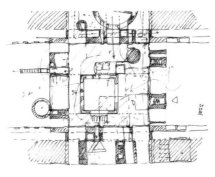
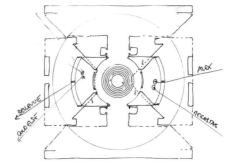
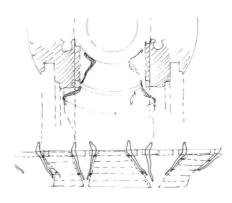
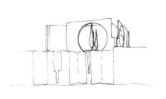

⑤《德国手绘建筑画》作者：乔纳森·安德鲁斯；译者：王晓倩；出版社：辽宁科学技术出版社

⑤

❻

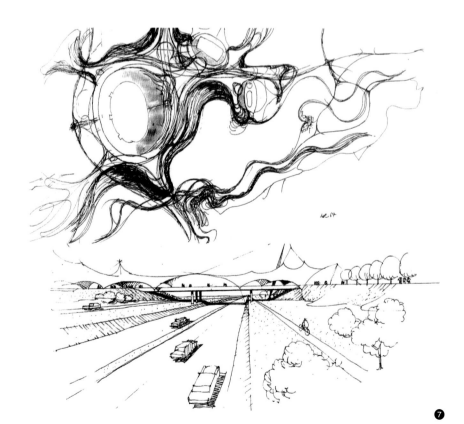

❻ ❼《德国手绘建筑画》作者：乔纳森·安德鲁斯；译者：王晓倩；出版社：辽宁科学技术出版社

❼

2. 利用图示进行叙述

概念图的绘制可以说是一门手绘语言，它是设计师用图形来进行设计语言的对外表达的方式。文字的表达往往枯燥乏味又不能够准确地将设计的要点快速地呈现给受众。例如，设计在对人流走向进行表述时，简单地在方案平面图上用箭头标注方向进行示意说明即可清晰地说明人在空间的活动路径；同样，对空间区域的划分，用文字进行表达常常不能够清晰地说明空间的位置与内容，但我们只要通过简单的图示结合平面图进行阐述便可一目了然了（图8）。

如此，我们在设计过程中总是可以利用简单的图示进行设计语言的描述，而图示可以是一个非常简单的符号，单单以箭头作为符号即可对许多概念内容进行叙述了（图9、图10）。如采光方向的说明，可以用箭头符号说明采光照入室内的方向；又如气流与室内关系的说明，可以用箭头在平面上示意说明气流的动向；再如视觉视线的说明也同样可以以箭头为图例，从视点向外指引示意等等，利用图示说明可以让设计的说明内容变得生动而有趣。

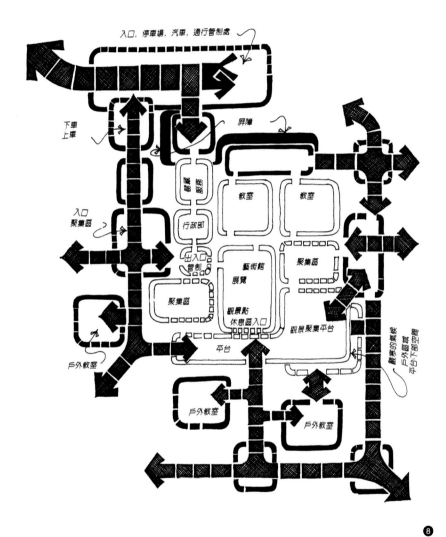

❽

❽ 区域概念图示意

013

Chapter 1
传达与表述

Chapter 2
由浅入深的设计表达

Chapter 3
设计逻辑带入效果表现

Chapter 4
技法与延伸

Chapter 5
主题空间表现

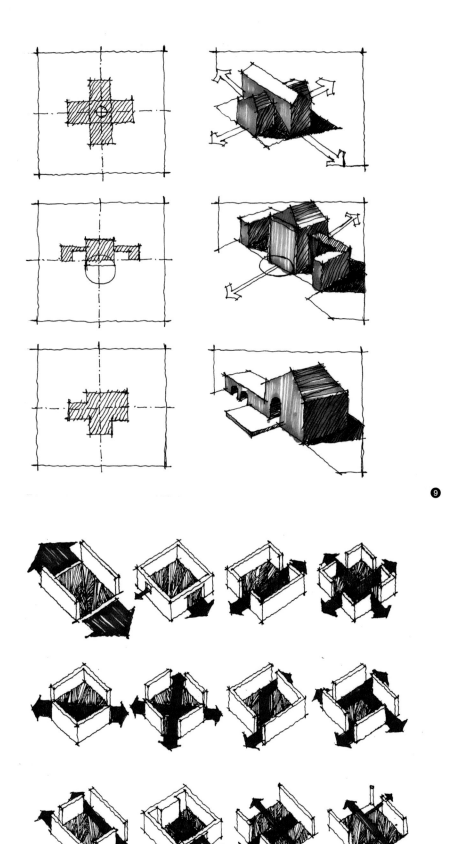

⑩

3. 利用手绘进行空间关系的剖析

空间关系是环境设计的关键要素之一，小至内部结构的关系，大到空间的转折关系，我们都可能在设计的过程中反复推敲直至最终定稿。电脑所制作的精美效果图通常是在设计方案比较确定的情况下进行渲染出图，出图的效果也多数是为供甲方了解设计效果而定的。但作为设计师，在设计的过程阶段中我们需要不断地剖析和理解空间的关系，并不时做出调整、修改才能够获得最终完善的效果，而手绘图不管是在设计的前期阶段，或是中期的空间探索，抑或最后阶段的方案施工中，都是设计师手中的一把利刃，它以最简单的方式为设计师在空间探索时提供了有效的答案（图 11、图 12）。

三、工具与准备阶段

1. 工具的类型与特性

手绘效果图是一种快速表达的绘图模式，因而在效率居于第一位时我们可以用最简单的方式进行，甚至一支常用的签字笔就可以为我们完成一幅手绘图了。但更为完整的手绘效果图需要有色彩呈现，那么除去描线工具就还必须有色彩工具。各种水性或油性的马克笔是最常见的色彩工具，配合马克笔一起被广泛运用的手绘色彩工具还有彩色铅笔。纸张的挑选，一般设计师最方便的绘图纸来源就是打印用的复印纸了，通常 A3 纸是最常见的手绘图纸张尺寸，也便于线稿的复印与再次上色。另外，其他的辅助工具在初学阶段也是可以多做准备的，例如尺子、铅笔、橡皮擦、涂改液等等。

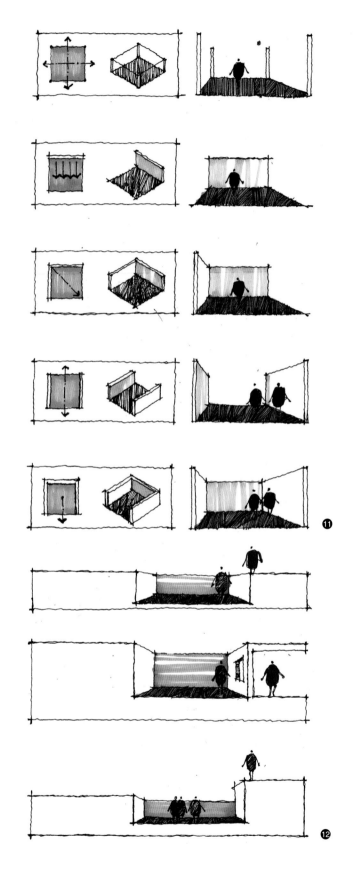

⑪ ⑫ 空间关系的概念表述　作者：陈瀚

015

Chapter 1
传达与表述

Chapter 2
由浅入深的设计表达

Chapter 3
设计逻辑带入效果表现

Chapter 4
技法与延伸

Chapter 5
主题空间表现

2. 线稿阶段的工具与运用

　　不同的手绘阶段所需要的工具各有不同。线稿阶段需要有一支合适于描线绘制的墨水笔，这里我们简称描线笔。有些书籍作者向初学者介绍使用针管笔作为描线笔，在学生时代，学习手绘之初时作者也曾尝试用制图课用剩的针管笔来绘制效果图线稿。随后发现针管笔的笔尖是齐平的管状，它所绘制的每一条线皆是头尾粗细一致的，所以针管笔更合适用于绘制专业的规范图纸，而一般的签字笔所绘制的线条通常是粗细不一，而且稍有停顿时会有顿点，这样的效果反而使线条变得生动起来，而且签字笔的成本也远远低于针管笔，所以它是手绘线稿时的首选工具。为了更好地运用签字笔进行效果图线稿描绘，可选择一支自己平时常用于书写、抓握较为熟练的笔，简而言之，你觉得哪一支笔最易于书写，你就可以用它来尝试绘线了，我们可以理解为一个熟悉的工具更利于上手（图 13、图 14）。

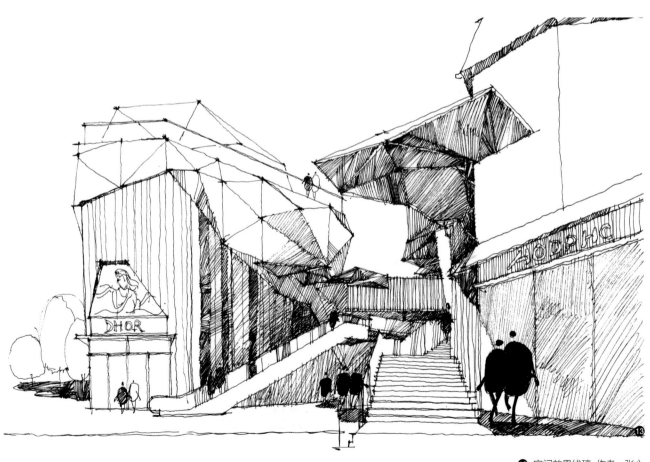

⓭

⓭ 空间效果线稿 作者：张心

Chapter 1
传达与表述

Chapter 2
由浅入深的设计表达

Chapter 3
设计逻辑带入效果表现

Chapter 4
技法与延伸

Chapter 5
主题空间表现

❶ 从线稿到上色　作者：张心

❶⑤ 马克笔上色效果 作者：张心

3. 马克笔

上色阶段有较多的工具可供选择，上色效率快而易出效果的首选马克笔（图 15）。市面上马克笔的品牌较多，多为进口品牌，德国、韩国、日本品牌的马克笔一般较为受欢迎。马克笔分油性马克笔与水性马克笔两种，油性马克笔与水性马克笔各有特性。水性马克笔在市面上是最常见的色笔，它的笔头比油性笔的笔头要细小，因而也较为灵活，初学者可先练习用水性马克笔上色，随后再练习使用油性马克笔，这是一个较好的循序渐进的过程。在用水性马克笔进行色彩绘图时，水性笔的每一道笔触都十分分明，因而当我们进行大面积上色时若排笔不齐整，画面效果则容易显得混乱不堪；反之，如果能够很好地掌握水性笔的笔触，就可以通过有序的排笔和笔触来进行一些特定质感的绘制，例如金属、玻璃等材质的描绘。油性马克笔多数笔头呈方形，笔触也较粗犷，但与水性笔不同的是油性笔上色相叠加时融合度非常高，大面积上色时即使下笔随意也不会有明显的笔触。因而，当需要有硬朗的笔触效果时可以用水性笔进行上色，而当上色块面大且对笔触要求不高时可用油性马克笔进行上色。

Chapter 1
传达与表述

Chapter 2
由浅入深的设计表达

Chapter 3
设计逻辑带入效果表现

Chapter 4
技法与延伸

Chapter 5
主题空间表现

关于笔号的选择。随着马克笔越来越普及，文具店的马克笔种类越来越多，笔号色彩也越来越丰富（图16），如果要将同一个牌子的马克笔的所有型号和色彩全部买齐恐怕要花上几百甚至近千元，但有个别笔我们可能是非常少有机会用到的，与其买了搁置不用不如有选择性、理性地购买。那么怎么挑选马克笔不会造成浪费又不至于使用时缺少颜色呢？首先我们可以模仿打印色将马克笔按色系来分为五个色系：黑白色系、红色系、黄色系、蓝色系、绿色系。五个色系中最为常用的应该是黑白色系，即各种深浅、冷暖灰色，灰色通常可作为基底色使用，所以它们的使用频率非常高，购买马克笔时，灰色笔作为最常用的笔色应该多购买，可按冷暖灰调各购买三至四支不同深浅的笔号。其余的红、黄、蓝、绿四个色系，每个色系挑选三至四支深浅不同的笔号即可。

❶ 手绘用具：马克笔与彩色铅笔

⑯

手绘工具因人而异，有些设计师擅长水彩效果，那么他常用的手绘工具可能就是水彩颜料和毛笔；有的设计师擅长彩色铅笔的运用，那么彩铅就可能是他桌上的一件特定工具。（图17、图18）

Title: Central District, Victoria, Hong Kong
Original size: 9 x 14 inches
Medium: Pilot fine-line marker and watercolor wash on watercolor paper
Technique: line drawing and wash

Title: Central District, Victoria, Hong Kong
Original size: 11 x 14 inches
Medium: color markers on Aquabee felt-tip-marker paper
Technique: line drawing; some spatial edges defined by broad marker strokes

⓱

⓱ 《马克笔草图技法》（*Sketching with Markers*）

⓲ 《德国手绘建筑画》 作者：乔纳森·安德鲁斯；译者：王晓倩；出版社：辽宁科学技术出版社

⓲

021

Chapter 1
传达与表述

Chapter 2
由浅入深的设计表达

Chapter 3
设计逻辑带入效果表现

Chapter 4
技法与延伸

Chapter 5
主题空间表现

4. 彩色铅笔

　　彩色铅笔分水溶性彩铅与蜡性彩铅。彩色铅笔的购买根据上色习惯，可以选择从 12 色到 36 色不等，但简单的 12 色已经可以满足一般情况的需要了。水溶性铅笔比蜡性要稍贵些，但它的用途更为广泛。蜡性彩铅仅限于纯彩色铅笔上色时的使用，当上色效果需要将马克笔和彩色铅笔结合时，因为蜡性笔无法与马克笔融合，这时就应该选择水溶性笔了。水溶性彩色铅笔的特点是可以灵活地与马克笔交替进行上色，当马克笔色彩不够饱和时，我们可以先用彩色铅笔将物体表面先淡淡铺上需要的颜色，再用马克笔在已经上过彩色铅笔的块面上进行第二次上色，二次色彩由于马克笔的色彩与彩铅的颜色相互融合而带来更加饱满的色彩效果。

　　水溶性彩铅的另一个特点是当它与水接触时可溶解，溶解后画面效果更为细腻，所以在做一些局部处理时可利用水溶性彩铅的这一特点，用毛笔或是棉签蘸水在已经上有彩铅的色块表面涂抹，这种处理手段能够给画面带来水彩般的效果。（图 19）

⑲《马克笔草图技法》（*Sketching with Markers*）

19

有时候为了实现喷画般细腻的质感，设计师将彩色铅笔削粉，利用棉签或海绵蘸粉进行涂抹。当然同样的效果也可利用粉笔条或其他类似的色彩工具来实现。总之，呈现效果的方法多种多样，任何优秀的效果都是在各种彩色和运用中得来的（图20、图21）。

课堂思考

1. 手绘表达的作用与意义有哪些？
2. 手绘准备阶段需要什么工具？
3. 马克笔的选购方法？

❷⓪ 《马克笔草图技法》（*Sketching with Markers*）

❷① 《德国手绘建筑画》作者：乔纳森·安德鲁斯；译者：王晓倩；出版社：辽宁科学技术出版社

Chapter 2
由浅入深的设计表达

学习目标

通过本章的学习，掌握手绘表达的基础理论及技法；熟知效果图手绘学习的进程及方法；掌握手绘效果图绘制的流程步骤。

学习重点

掌握一点透视与两点透视的基本原理与绘图方法；调子关系与明暗投影的处理；构图的类型与画面组织。

一、绘图的形式与过程

1. 学习手绘效果的渐进过程

　　绘图的顺序是一个设计绘图过程的制度或系统，当我们合理地对这个系统进行计划，它便能够帮助我们更加有效规范地完成绘图的工作。绘图总是一个由简单到复杂丰富的过程，手绘的学习也一样需要从基础到深入，步步渐深（图22）。

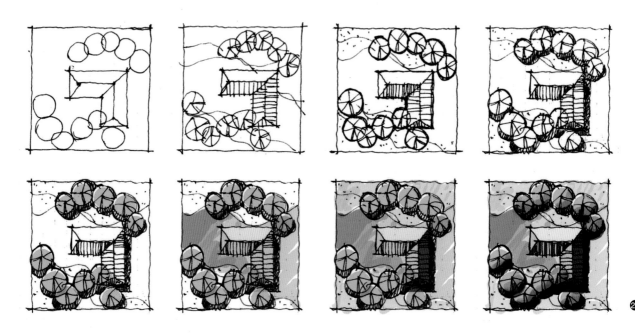

㉒ 步步渐进的绘图过程　作者：张心

从临摹到空间写生：

　　学习是一个渐进的过程，不管接触什么样的新知识或技能，总是要由浅入深，从简单基础开始渐进地训练。空间效果图的学习类同于色彩绘画的学习，我们可以从对优秀作品的临摹开始。初学阶段的临摹作品应该选用画风较为严谨的习作，这有利于绘图习惯的培养，也便于对绘图技法的观察与分析。临摹的过程一定要细致入微，将习作原有的技法一一剖析、仔细研习，这才有利于初学阶段对技能的掌握与提高。当临摹积累到一定数量、一定阶段之后，我们会发现有些技法就自然而然地能够运用自如了，这时便可以尝试对现实存在的空间场所进行写生（图23、图24）。

Chapter 1
传达与表述

Chapter 2
由浅入深的设计表达

Chapter 3
设计逻辑带入效果表现

Chapter 4
技法与延伸

Chapter 5
主题空间表现

㉓

㉓ 临摹作品　作者：姜漪

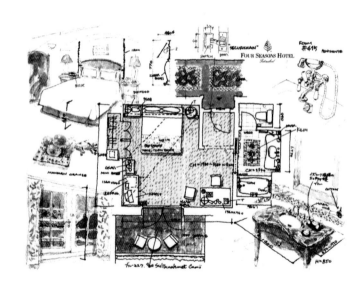

由于临摹阶段对空间的理解仅仅在于图纸之上，写生阶段更有利于我们对空间关系的理解，透视技法的掌握就是由写生阶段开始的；另外对现实空间的考察记录也有利于我们对材料结构的认识，这是专业知识积累的一个方法。例如日本知名建筑师、室内设计师浦一也在世界各地旅行中，就有一个很好的专业习惯，他每到一处都会用纸笔把不同旅店的平面图描绘下来（图25）。

㉔ 临摹作品 作者：许伟邦

㉕ 《旅行从客房开始》作者：[日]浦一也；译者：侍烨；出版社：中信出版社

027

Chapter 1 传达与表述

Chapter 2 由浅入深的设计表达

Chapter 3 设计逻辑带入效果表现

Chapter 4 技法与延伸

Chapter 5 主题空间表现

虽然每次都要花费不少的时间，但是浦一也觉得，对于他而言，探险就是对客房进行测量及描绘，这样一个记录的举措不但能够深入地理解不同酒店空间的不同，而且还能在看到图纸的一刹那勾起旅行中对于某种主题空间的独特记忆（图26、图27）。

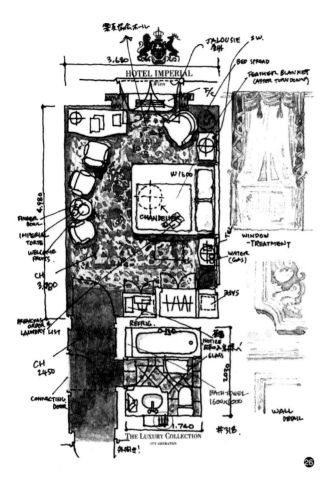

㉖

在绘图的过程中作者对空间的色彩进行记录，将酒店空间中一些细致的色彩关系描绘下来，这便是一种空间色彩学习的方法。对空间中的每一个物件进行记录，从材质到结构以及摆设的方式，这比一般的拍照考察要更为深刻，能够帮助我们认知空间中的各种尺度关系。

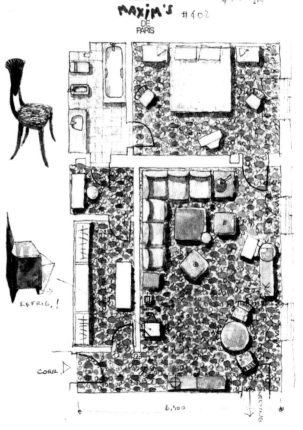

42, Av. Gabriel - 75008 Paris - Tél. 45.61.96.33 - Télex 642 794 F
S.N.C. Capital Mille Francs - R.C. Paris B 331 831 677

㉗

作者通过对酒店空间进行平面制图来了解所到酒店的空间布局。这是设计信息获取的一种有效方式，在绘图的过程中作者不断地获取各种信息，例如家具的尺寸，空间的尺度，房间的整体格局等等。绘图是一种设计学习过程的记录（图28）。

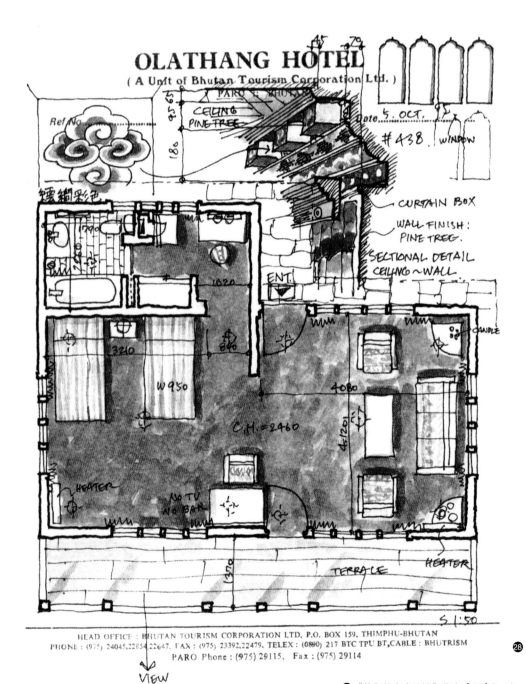

❷❽《旅行从客房开始》作者：[日]浦一也；
译者：侍烨；出版社：中信出版社

从写生到设计创作：

写生有助于初学者对空间结构与透视关系的认识，但是作为设计者总是要有亲身的设计体验，基于最初的临摹与写生有利于我们更为顺利地进入设计创作的阶段（图29）。

最初，在设计创作过程中，对于部分难以进行空间想象的同学，在初学阶段可以尝试将所临摹或写生的空间框架进行设计内容替换。

近似的空间尺度，同一个透视角度，我们可以将已有的空间框架上各个面的空间内容重新设计进行替换，例如天花造型、立面墙的装饰、地面上的家具等等，这样就大大地降低了初学者学习空间绘图的难度。但这种方法只是学习的过渡步骤，我们在训练过程中对空间透视越来越熟悉之后，便应该进行空间透视框架与设计的创作绘图了。

Chapter 3
设计逻辑带入效果表现

Chapter 4
技法与延伸

Chapter 5
主题空间表现

❷❾ 建筑空间写生　作者：张心

从平面到空间是设计创作的第一步。设计师需要先对空间的平面关系有准确的评估，每一个设计稿也都是从平面开始的。平面空间的每一个空间尺度和转折关系，以及每一个家具的摆放位置，空间中人的可行动流线等等都需要在平面规划设计时加以考虑，那么这些设计关系都是可以反映在最初的平面设计图上的。所以设计师每个设计方案都需要经历无数个平面手绘的绘图，设计师的手绘水平就是由平面图开始的。

因而在进行空间透视的练习之前我们可以对一些常用的单体家具，例如家居空间常用的沙发、床等进行临摹、写生等练习（图30）。

单体练习开展之后对特定的立面墙体进行练习，例如电视背景墙、沙发及沙发背景墙体、床及床背景、接待台及接待台背景等等。有了单体练习的基础之后可以先对小的空间进行进一步训练，如卫生间、厨房、书房、茶水间等空间（图31）。

031

Chapter 1
传达与表述

Chapter 2
由浅入深的设计表达

Chapter 3
设计逻辑带入效果表现

Chapter 4
技法与延伸

Chapter 5
主题空间表现

③ 31 小空间绘图练习 作者：许伟邦

实际上，从有了平面关系开始，空间关系也已经开始变得明确了。但设计师通常都是在有了准确的平面规划之后才开始空间立体关系的进一步确定。平面图并未能将空间关系很好地反映给设计方和空间用户，那么要进一步呈现设计就应该将平面空间关系转换为立体的空间关系了（图32）。那么，如何将平面空间进行立体转换呢？首先，必须有严谨的尺度关系，初学者可以将平面图做简单的透视化处理，即从原来的平面关系转化为近大远小的透视关系。这时我们可以从透视变化中感受到每个物体按平面布置上的正确尺度及位置发生了透视变化之后的关系变化，基于这层关系我们再从每个平面上显示的尺度位置进行三维转换，这样的转换就确保了从平面到立体的尺度都较为准确。当透视空间中地平面的透视关系和尺度正确了，只要将地面与墙面的立体面关系联系起来，完整的透视空间就形成了。初学者如果无法做到快速准确地确认空间中各个面的透视尺度的话，可以在透视框架上的每个面进行网格分布，通过每个面的透视网格来确定各个面间物体的透视关系。

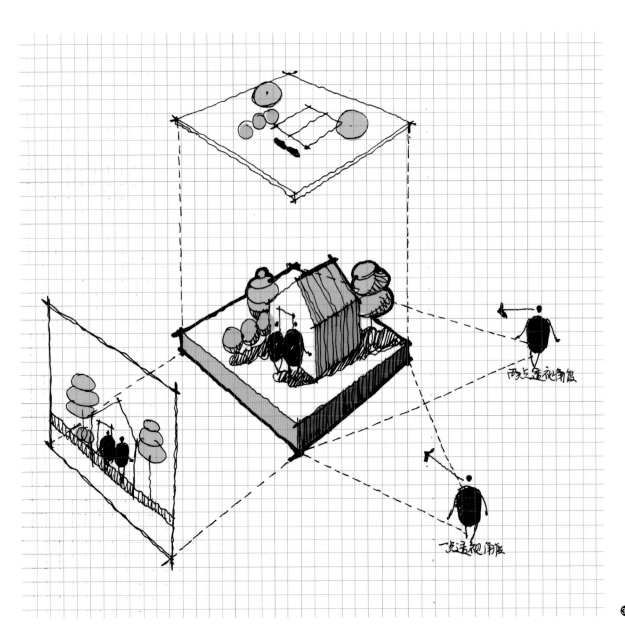

32 平面与立体空间、透视的关系　绘者：陈瀚

2. 线稿的绘制方法

初步线稿通常有三种绘制方式：

第一种方式先用铅笔起稿，绘制大的空间关系与透视框架，透视关系与框架确定后再进一步绘制块面之间的结构关系。大致的空间与结构关系确定之后再用签字笔进行墨线描绘，这种线稿的绘制模式为设计的修改留下余地，设计与手绘过程可以同时进行，一边调整一边绘制，各种关系确定之后再用墨线笔将具体的空间细节与结构细节进行最后的描绘，形成图稿。（图 33）

Title: Design Study
Original size: 11 x 17
Medium: thin felt-tip markers on white tracing paper
Technique: line drawing

33

33 线稿绘制《马克笔草图技法》（*Sketching with Markers*）

第二种线稿绘图方式是通过拷贝的方式来进行。设计师首先用墨线笔在A3纸上进行描绘，由于设计之初的多重不确定因素，线稿总是需要不停地调整，为了加快效率，有部分设计师习惯于在原有的设计稿上进行调整。在不断地调整下，同一张纸上的线稿内容出现多重的线条，但这样的线稿仅限于设计师自己推敲方案，最终的定稿确定之后设计师会通过拷贝纸进行方案拷贝，即用拷贝纸覆盖于原来的线稿之上，将最终确定的空间结构线描绘于透明的拷贝纸上，再将拷贝于拷贝纸上的线稿用复印机复印至A3纸之上，最后再上颜色。（图34）

Title: Street Study
Original size: 8 x 11 inches
Medium: felt-tip markers and pencil on white tracing paper
Technique: line and tone drawing

Title: Downtown
Original size: 14 x 30 inches
Medium: felt-tip markers on yellow tracing paper
Technique: line drawing

最后一种方式是较成熟的一种手绘模式，即用墨线笔直接绘图定稿。这种模式要求设计师具备熟练的手绘技巧，对空间透视关系的把握也要非常熟练。设计师在大脑中将各设计要素组织确定后即通过徒手绘图的方式准确地将线稿直接呈现在白纸上（图35）。

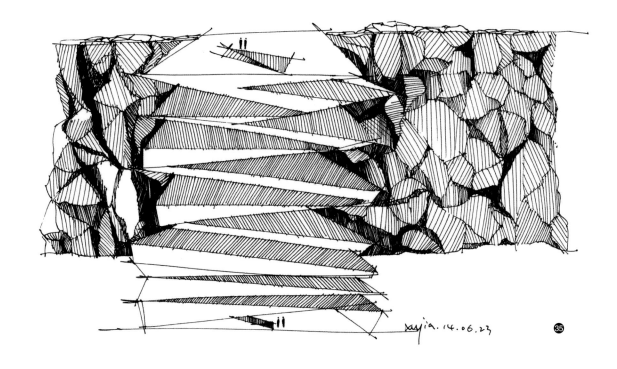

35 线稿绘制 作者：许嘉

035

Chapter 1
传达与表述

Chapter 2
由浅入深的设计表达

Chapter 3
设计逻辑带入效果表现

Chapter 4
技法与延伸

Chapter 5
主题空间表现

三种线稿描绘方式都非常普遍，第三种需要具备一定的技能，而第一、二种我们可以选择性地进行，但最普遍且较为高效的模式应该属第二种了。

用线条来表达结构与调子关系：

起稿阶段的线条非常简单，只要把空间的透视结构绘制出来即可。一般的空间透视结构只需要8条结构线即可将关系绘制出来，不管一点透视或两点透视（透视绘制方法在本章的下节中讲述）我们都可以从正前方的立面结构墙开始绘制，绘制出立面墙身之后再沿着立面墙体结构线的四个角呈射线状往外绘制出衔接天花左右墙面与地面的另四条结构线。此后，可以依据空间中每一个面中存在的物体进行结构描绘，有了结构线之后物体的细节仍然需要细致的刻画，这个阶段的线条跳脱出原来的结果描绘，重点在于调子关系的表达。那么用线如何表达调子关系呢？我们可以用素描描绘物体调子关系的原理来进行这一阶段的描绘。显然，在进行素描绘画时物体有五调子的原理，但在进行手绘效果图的描绘时，由于时间效率的问题, 我们不可能像素描绘画一样将物体的五个调子逐一描绘出来。在用描线笔进行绘图时, 我们通常可以简化地把物体分为三大调子, 即暗部、灰面、亮面三个关系, 区分了这三个关系之后我们就只需要将关系描绘出来了。描线笔的描绘不同于用铅笔进行素描绘图, 我们需要更为简练的表述方式, 通常设计师会用简单的竖线或横线进行描绘。用线条进行调子描绘的时候我们通常将受光的亮面忽略不做描绘, 在灰色面上以少数的竖向或横向线条进行描绘, 使其区别于受光面; 再用稍微密些的竖线或横线对暗部进行描绘。最后要考虑物体在空间中的投影, 同样用竖线或横线以更为密集的排线对投影进行加重加深的描绘。由于室内空间的光源一般为单一的灯光照明或开敞于同一个方向的室外光线, 因而在对空间中的物体逐一进行调子刻画的时候要注意, 同一空间中的物体, 投影与调子关系一般是一致的（图36）。

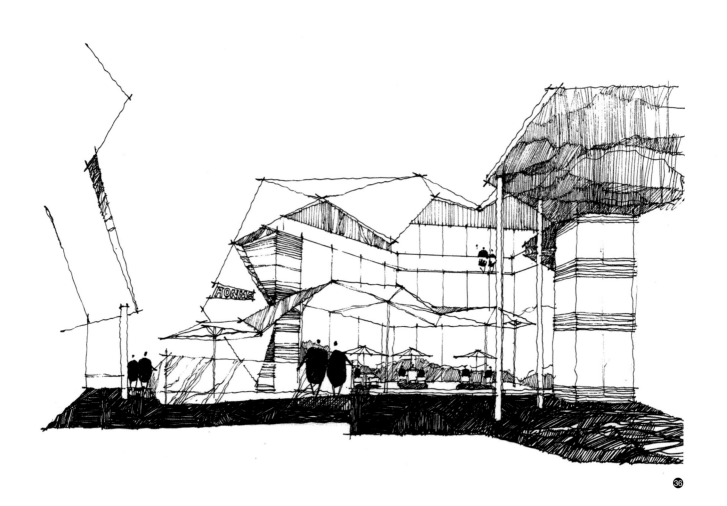

36

36 线稿的调子表达 作者: 张心

线稿的修改：

　　手绘效果图的绘制就如同电脑绘图，它们都需要经过长时间的设计磨合、修改才能够成就最终的效果。尤其是在设计之初，往往在手绘线稿刚刚绘制完成时便由于各种因素需要进行修改了。线稿的修改只要掌握一定的方法和技巧便可以灵活地进行，例如在完成一个客厅效果图的绘制后发现沙发背景需要修改时，我们可以利用涂改液对需要修改的线条进行涂改，当然这时的涂改会在纸张上留有明显的白色涂改液的痕迹，但只要将涂改好的纸张通过复印机进行复印，复印后再将需要修改的新的结构线条补充上去即可，这样的修改方法在修改后并不会留下修改的痕迹，亦可大大地减少重新绘稿所花费的时间。

　　这种通过涂改后复印的线稿修改方法也可用于后期上色的备稿。线稿完成后的上色阶段通常并不能够一步到位，在色彩稿完成后对于设计内容的材料选色也常有异议，所以修改色稿也是常见的问题。上了颜色的手稿如果每次修改都需要重新绘制线稿的话，需要耗费的时间就相当多了，在上色之前如果设计师能够留意将线稿先复印备份多份，就可以在上色效果需要修改时轻松地用复印备份好的线稿进行二次上色了（图37、图38）。

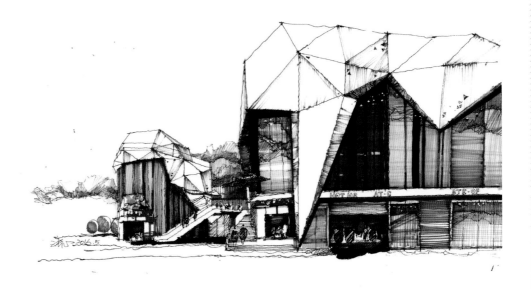

❸❼

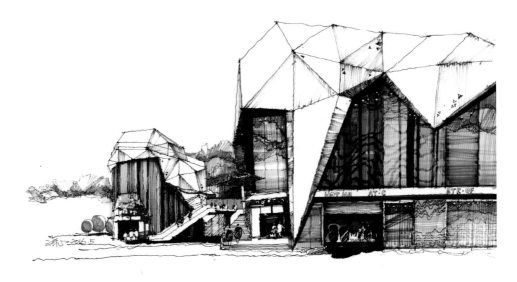

❸❼ ❸❽ 一张线稿的两次上色　作者：张心

037

Chapter 1
传达与表述

Chapter 2
由浅入深的设计表达

Chapter 3
设计逻辑带入效果表现

Chapter 4
技法与延伸

Chapter 5
主题空间表现

3. 上色阶段

（1）制作色卡：

当一套全新的马克笔呈现在我们面前时，我们可能会因为笔号多而常常犹豫不定，不知道选什么颜色更好，当我们选定了一个颜色之后，或许绘制出来的色彩跟马克笔上贴有的颜色有很大偏差。为了更高效地完成马克笔上色，我们可以将所有的笔色绘制在纸上，制作一张马克笔的色卡，这样我们在绘色的时候就可以通过色卡来轻松选色了（图39）。

为了方便进行色彩的对比选择，在制作色卡之前我们可以按购买马克笔时的色系分类，将所有马克笔分为五个色系，即红、黄、蓝、绿、灰五个大类。将同一色系的马克笔在制作色卡的纸张上由浅到深逐一排列，并写上相应的马克笔的序号。有了色卡之后，我们便可以在上色之前通过色卡来对比选择所需要的色彩，确定了所需要的颜色之后再从马克笔中选出相应笔号的马克笔。

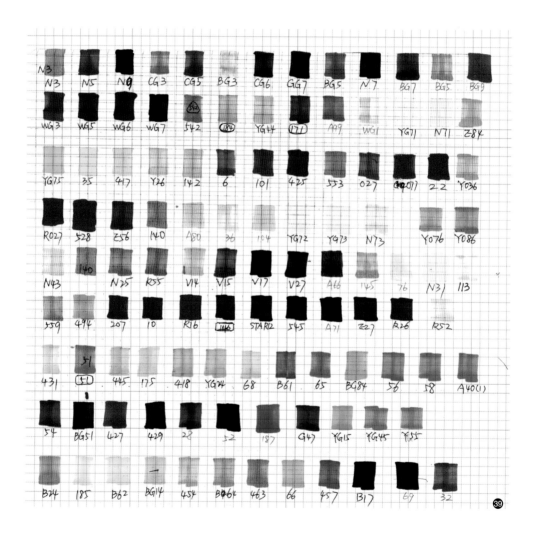

39 马克笔笔号色卡

（2）基调色与局部上色：

039

Chapter 1
传达与表述

Chapter 2
由浅入深的设计表达

Chapter 3
设计逻辑带入效果表现

Chapter 4
技法与延伸

Chapter 5
主题空间表现

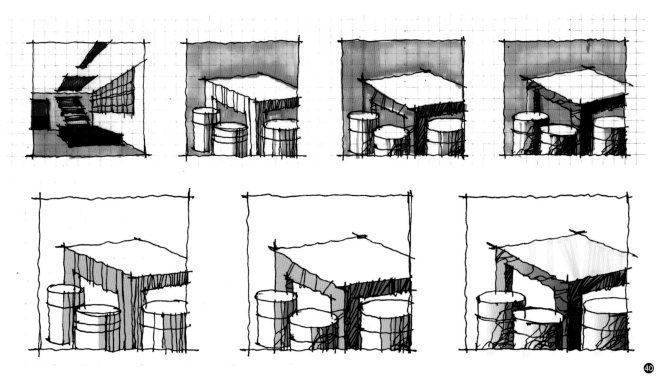

❹

❹ 基调色与调子关系处理图示　作者：陈瀚

　　每一个空间都应该有它的基调色，就如每一个物体都有其固有色。在对单体进行上色时我们需要先将物体的固有色进行大面积的铺色，上色的过程类似于前面所提到的线稿的调子处理，我们在上色阶段同样需要考虑物体的调子关系，而这时调子关系的处理可以是用同一支马克笔也可以是由同色系的多支马克笔来进行。同一支马克笔的上色调子处理跟线稿的调子处理方法非常接近，通常受光是少许一两笔或完全留白不上色，灰面进行一遍铺色，而暗部为了区别于灰面，通常要经过两遍以上的铺色来加深色彩的饱和度和色相。而如果有足够多色的马克笔，那么就可以选择用同色系的多支马克笔来进行上色了，这种上色通常是选出浅、中、深三个不同色相的马克笔，用浅色笔绘制受光面，用中等深度的笔绘制灰面，最后用深色笔绘制暗部（图40）。由于室内空间的基调色较大面积为白色，例如天花板、墙体等，非常普遍的白色基调空间导致我们在进行基调色的描绘时需要用到大量的灰色马克笔，尤其是中灰及浅灰色系，这就是为什么我们之前购买马克笔的时候需要选取更多的灰色系笔号了。

　　马克笔的上色较为简洁凝练，上色的时候讲究笔触和铺色的排笔。通常我们可以根据结构物体的质感光感来进行线条排布。反射较强的物体的上色可以用尺子协助完成，即将马克笔靠于尺子的边缘进行铺色描绘。反射强烈的物体如玻璃、不锈钢、大理石、各种金属等材质，它们的密度属性通常较高，高光处强烈的白色线条正适合用尺子进行描刻，这样用尺子绘制的线条刚硬有力，高光的留白边缘也利索简洁。

（3）配色技巧（图41）：

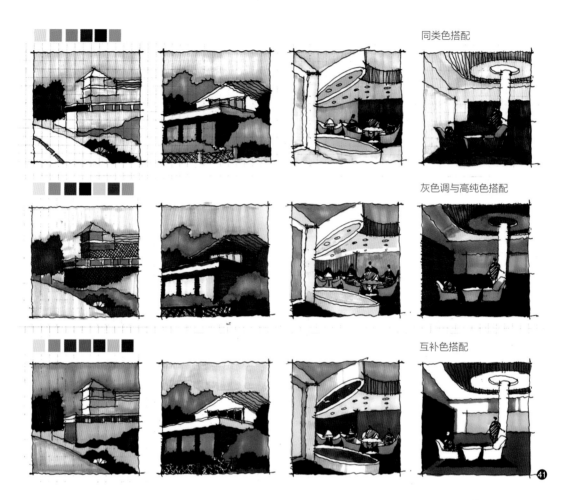

同类色搭配

灰色调与高纯色搭配

互补色搭配

❹ 色彩配色示意 作者：张心

　　上色阶段对于色彩的选择跟我们的色彩构成基础息息相关，这也跟我们设计专业的基础学习从平色构成开始是相关的。色彩的构成中色彩关系可以是温和的也可以是具有对比关系的，有时设计师为了达到温和舒适的空间效果则可能采用较为温和的空间色彩构成，这种空间的色彩多为同类色或近似色系。在进行空间上色时，依据设计的需要对同类的空间进行上色时，通常把同类色或近似色作为空间的主要基调色，配以局部的补色调，例如局部的家具或软装饰品。这样在主要的同类色系中加以较小面积的补色处理，在色彩的构成关系中起到轻微的对比作用，可以达到点睛的效果。

　　同类色系的配色给人以温和典雅的空间感觉，但有时又可能带给人过于刻板沉寂的感觉，所以有些设计师在对空间材料进行配色时又运用一些较为和谐的弱对比色彩进行搭配。这样的色彩关系间存在某些微小的差别，整体空间的大调子既统一又能在局部关系中发现色彩的变化，是一种非常有效的配色效果。例如明色调与纯色调的搭配，通常以明色调浅黄或浅红等明度较高的色彩为空间的主题颜色，再对局部加以较高纯度的黄色或红色系进行搭配，这样整体色调既和谐统一又能够找到一定的色彩变化。（图42—图52）

041

Chapter 1
传达与表述

Chapter 2
由浅入深的设计表达

Chapter 3
设计逻辑带入效果表现

Chapter 4
技法与延伸

Chapter 5
主题空间表现

❷ 同类色与近似色搭配　作者：张心

43 同类色与近似色搭配　作者：周任；指导老师：陈瀚

043

Chapter 1
传达与表述

Chapter 2
由浅入深的设计表达

Chapter 3
设计逻辑带入效果表现

Chapter 4
技法与延伸

Chapter 5
主题空间表现

❹❹ 同类色与近似色搭配《马克笔草图技法》（*Sketching with Markers*）

45 同类色与近似色搭配 作者：张心

除了温和的同类色调的色彩关系与和谐的弱对比色彩关系外，在空间设计中运用较为广泛的则是具有较强对比关系的色彩构成了。在这些对比强烈的色彩关系中，灰色与高纯调的对比在当代空间设计中最为常见，它通常以冷灰色系作为空间的基调色，局部加以一个或多个高纯色调的色彩作为整个灰色基调空间的对比。灰色与高纯色调的对比在建筑与

045
Chapter 1 传达与表述
Chapter 2 由浅入深的设计表达
Chapter 3 设计逻辑带入效果表现
Chapter 4 技法与延伸
Chapter 5 主题空间表现

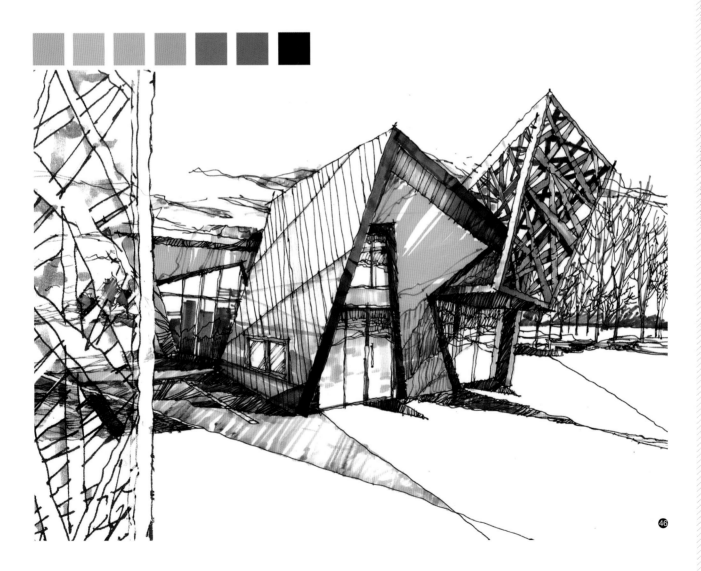

46

展示空间非常常见，在现代建筑空间中，玻璃幕墙与钢架金属材质的运用非常广泛，而这类材质多以灰色系为主要色系，完全以灰色系作为整个建筑外部色彩的做法是最为常见的；但部分设计师为了避免单纯的灰色过于单调的问题而给建筑增添较小色块的纯色色块，来丰富建筑的色彩效果，就有了灰色系与局部纯色对比的建筑空间色彩表达的效果。而在展

47 灰色与纯色搭配 作者：周任；指导老师：陈瀚

示空间中，尤其是会展类型的展示空间，为了在千奇百怪的各个展示单元中吸引观众的眼球，许多设计师会赋予展示空间高纯色的材质效果，所以灰调与高纯调的对比用色也是展示空间中常运用的色彩效果。

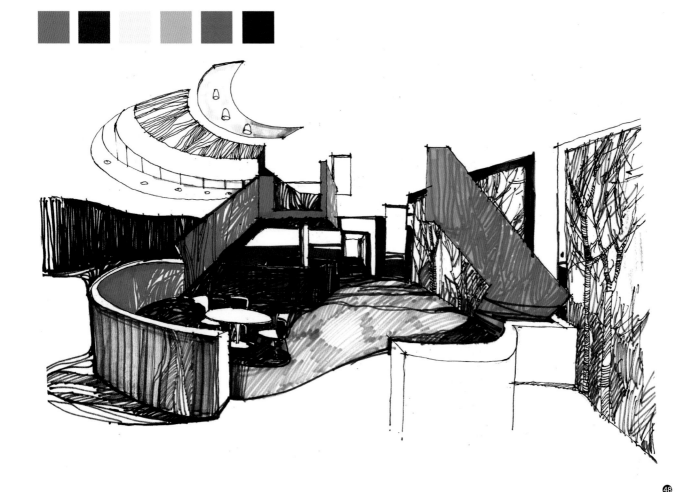

047

Chapter 1
传达与表述

Chapter 2
由浅入深的设计表达

Chapter 3
设计逻辑带入效果表现

Chapter 4
技法与延伸

Chapter 5
主题空间表现

48

❹❽ 灰色与纯色搭配　作者：苏畅

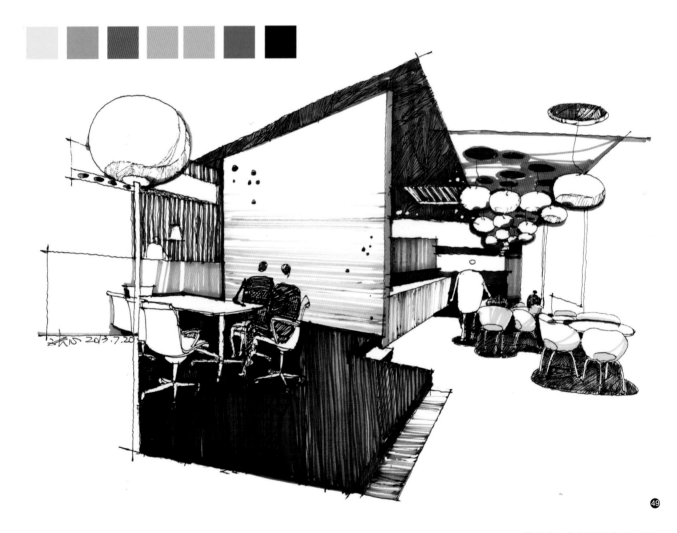

49

49 灰色与纯色搭配 作者：张心

学过色彩构成之后，我们都知道补色之间的对比是一种较为强烈的色彩关系，也就是色彩的强对比关系，这种色彩关系有利于增强空间的对比效果，所以在展示空间中，除去灰色系与高纯调的对比之外，互补色的对比也是较为常用的一种色彩运用。在各个设计领域中补色的运用也非常广泛，例如家具设计、陈设艺术设计等等。因而补色在空间设计的

049

Chapter 1
传达与表述

Chapter 2
由浅入深的设计表达

Chapter 3
设计逻辑带入效果表现

Chapter 4
技法与延伸

Chapter 5
主题空间表现

❺⓪ 互补色对比搭配　作者：张心

运用上也极为成熟，即使在大空间的运用上不做考虑，但在空间细节上如家具配色、软装设计上的配色都难免会有所运用。所以在我们的常用搭配色中可以考虑几组固定常用的补色系列的马克笔，我们可以将这几组较为可靠的补色笔号记录于色卡上，方便平时上色使用，例如紫色与黄色、绿色与红色、蓝色与橘色等。利用互补的色彩关系进行绘色时，通常可以考虑以一个主色调作为大块面，小面积配以补色，主色与局部色的互补使得空间色彩既协调又有对比。

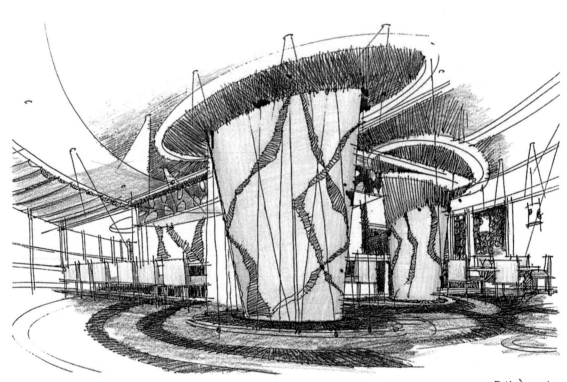

㊿ 互补色对比搭配 作者：朱浩鸣

051

Chapter 1
传达与表述

Chapter 2
由浅入深的设计表达

Chapter 3
设计逻辑带入效果表现

Chapter 4
技法与延伸

Chapter 5
主题空间表现

52

52 互补色对比搭配 作者：马隽

（4）上色的步骤：

由于马克笔作为手绘上色工具越来越受欢迎，大部分设计专业的手绘效果图渐渐都以马克笔上色作为主要的方式，而彩色铅笔由于上色速度较慢而渐渐地被取代为辅助工具。以马克笔为主要上色工具、彩铅作为辅助是手绘效果图当下的主流方式。

效果图上色类似于一般的色彩上色，首先我们要考虑空间的基调色和整体配色，初学者可以将准备用色的马克笔先搭配好，在草稿纸上简单做色彩配色的试笔，两个不同材质与质感的材料色如果在绘制手稿时搭配起来已经不能被设计师自身认可，那么这两个材料色的搭配就应该具有一定的互斥的可能性了，那么在未对正稿进行上色前我们可以更换笔号，直到找到最适合搭配的颜色为止。

对正稿进行上色的第一个阶段是对空间进行基调上色，通常在建筑空间中色彩的基调色多以白色为主，所以通常以浅灰色作为主要色，局部暗部及投影以深灰色做协调。灰色系属于无色系，它不像是多种色彩的搭配易于显现对比关系，灰色系需要通过调子的明暗来强调空间的对比。所以在进行灰色基调色的上色时要注意暗部的强调和投影的处理，暗部与投影的处理要注意空间中光源的影响，一般同一空间中光源相同，所形成的投影关系必须是一致的（图 53、图 54）。

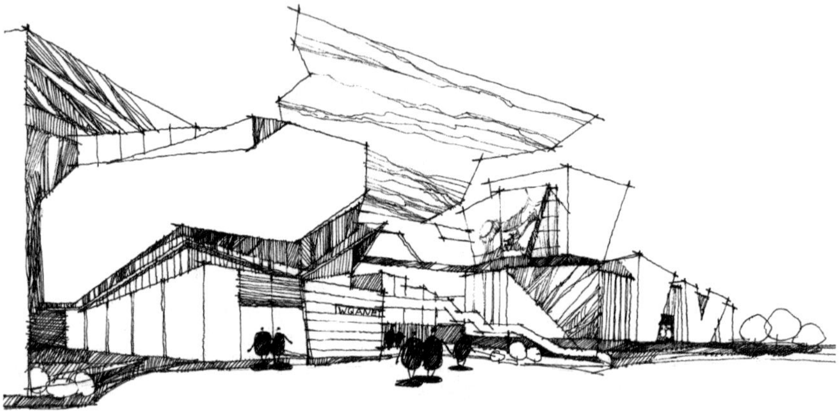

(53)

(54)

(53) 马克笔上色步骤示意 1 作者：张心
(54) 马克笔上色步骤示意 2 作者：张心

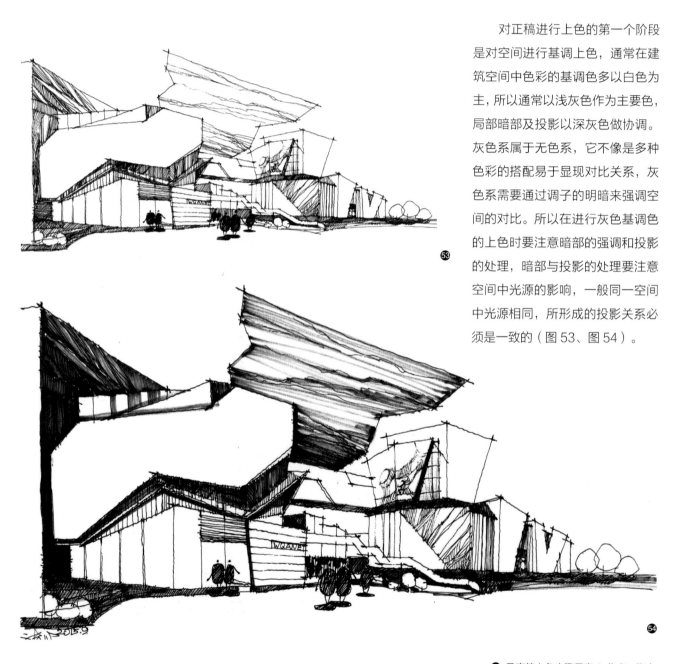

对基调色完成铺色之后，再进一步是对空间的软装物体进行色彩上色。软装物体通常色彩各异，但它们的色彩搭配也是在前一阶段我们经过笔号配色筛选而构成的。软装物体的配色通常色彩丰富，饱和度较高，但对空间软物体的上色并非单纯的填色，它同样需要考虑物体的调子关系，它与空间本身明暗关系的处理必须是一致的，一致的投影关系和一致的暗部冷暖才能使空间与物体之间形成融合的协调效果。但不管是基调色彩的铺色还是空间中物件的固有色上色都要注意留有空白，空间基调色通常较浅，留白部分较多，而空间中软装物件的受光面也应该多做留白处理，这正如绘画时要做适当的留白处理，才能给画面灵巧轻透的效果。（图55、图56）

053

Chapter 1
传达与表述

Chapter 2
由浅入深的设计表达

Chapter 3
设计逻辑带入效果表现

Chapter 4
技法与延伸

Chapter 5
主题空间表现

55 马克笔上色步骤示意3 作者：张心

彩色铅笔在有些设计师手里可以作为主要的上色工具，因为它更类似于铅笔的使用，较为灵活，色彩的过渡与融合都能够通过线条的交替排列来获得效果，而且非常好把握，只要有素描和色彩基础的同学多数都可以较好地运用。但彩色铅笔也有其短板，例如它在大色块上色时因为笔头较细，铺色时较为费时，对于纯度较高的色彩通常达不到所需的饱和度，需要反复地多遍上色，这样彩色铅笔的上色速度就远远慢于马克笔了。

但彩色铅笔又是马克笔不可或缺的伴侣，有时用马克笔上色我们无法做到自然的色彩过渡，这时便可利用彩色铅笔在已经铺有马克笔的色块上做过渡色的刻画。例如水体的绘制，如果仅仅用马克笔进行填色，深浅色的过渡极为生硬；但如果在已经做了深浅灰色的马克笔色块上再将深浅色用彩铅进行过渡的描绘，就能达到较理想的水面色彩效果了。有时我们马克笔的色号有限，也可以结合彩色铅笔的绘制来获得不一样的色彩色相，这样便可弥补马克笔笔号缺少的遗憾了。例如玻璃的上色，我们可以先用彩色铅笔先淡淡地铺上一遍浅绿色作为固有色，再用浅灰色的马克笔在上面铺画第二遍色，这样马克笔即可将彩铅融化变成另一种均匀的灰绿色。在给较为细致的色块上色时，马克笔的笔头较粗，有时即使是细的一边笔头也不能够达到理想的效果，但只要将彩色铅笔削尖，便可以结合马克笔进行细节的刻画。再有，投影或暗部的刻画，有时设计师追求局部的反光效果，亦可用彩色铅笔在暗部轻微地刻画，便能够产生隐约浮现于投影或暗部的反光色彩。

马克笔与彩色铅笔各有特点，只要能够把握它们各自的特性，综合运用，发挥它们各自的优点，便可达到理想的上色效果。

马克笔上色步骤示意4 作者：张心

（5）手绘与电脑后期：

在这个全民P图的时代，图像处理不再是什么稀奇的事了，手绘作为纸张文件，始终有不利于保存和传播的缺点，在高效率的当代已经罕有设计师带着纸质的设计手稿四处行走了。因而手绘稿在最后的完稿阶段多数都是经过电脑扫描后转化为电子文件来呈现的。图片的扫描通常存在对比度与饱和度不足的缺点，通常需要经过电脑软件进行调整。扫描后的手稿有时因为设计过程的需要，我们还可以通过电脑软件进行调色处理，例如我们可以通过改变局部色彩的色相来获得多个色彩效果。扫描后的图纸也有修改的可能，局部小结构需要调整时我们甚至可以直接在电脑上进行P图修改，这样更能够节约我们的制作时间。有些熟悉设计软件的设计师甚至习惯于直接将未经上色的线稿进行扫描，直接在电脑上通过设计软件进行绘色。电脑上色的原则与手绘上色是相同的，只是换了一种上色的方法，实际上色彩的对比处理、调子的明暗关系及投影处理等原理都相同（图57）。

㊄ 电脑与手绘的结合示意图。《德国手绘建筑画》作者：乔纳森·安德鲁斯；
译者：王晓倩；出版社：辽宁科学技术出版社

055

Chapter 1
传达与表述

Chapter 2
由浅入深的设计表达

Chapter 3
设计逻辑带入效果表现

Chapter 4
技法与延伸

Chapter 5
主题空间表现

4. 不同阶段的绘图形式

　　手绘图总是贯穿于设计师的整个设计过程，在设计的不同阶段都有它不同的效用（图58）。在初稿阶段，设计师常常利用简单的手绘平面来进行设计的探讨，通过对平面的分割进行推敲来获得空间的组织关系，这是每次环境艺术设计的必经过程。任何空间皆始于平面，设计方案的第一步确立便是从平面关系的确立开始的，所以平面手绘是每一个设计师最熟悉的手绘内容，成熟的设计师对平面手绘尺度比例的把握必须非常熟练，空间中的尺度和物体之间的关系必须具有准确的比例才能够正确地反映出空间的内容和功能等关系。设计者跟委托方之间的沟通也常常是从平面图开始的，许多设计师是在经过不断的平面修改、确定了平面图之后，才开始进行空间效果的描绘或者电脑制作，可见手绘平面是设计之初非常重要的一个环节。

58 不同阶段的手绘示意。《德国手绘建筑画》作者：乔纳森·安德鲁斯；
译者：王晓倩；出版社：辽宁科学技术出版社

空间关系的绘图是基于平面图确立的，一旦平面规划图生成，那么立体的空间关系也随之而来了。这个阶段就开始了手绘的进一步深化，即从平面转化为立体空间关系的阶段。从平面转空间，虽然设计已经有了新的进展，但这一阶段的设计方案仍有许多不确定因素，属于修改较为频繁的设计前期，因而这时首先要说明的是大的空间关系，通常细节和具体的材料及结构是在这一个阶段之后才能够慢慢确定；所以这也是方案调整阶段，需要进行基于原有框架的局部调整，设计方案正是在这一过程中慢慢演化到成熟的定稿阶段。

当设计方案被确定之后，手绘图的功能作用是否就终止了呢？当设计方案进入施工阶段，为了解决实际施工结构问题，作为设计的跟进者，设计师必须从方案到施工都严格把控。设计的施工图纸虽然已经能够将基本的施工结构加以说明，但许多时候施工过程中受到各种实际因素的影响，结构的修改频繁存在，在现场跟进施工的设计师通过口述非常难说明结构的关系，这时快速的大样手绘图便是帮助解决现实施工问题的一个好方法。

二、透视基础

1. 透视基础

透视是手绘的基础，只有正确地理解空间的透视关系才能够清晰地表达空间的结构，透视常常是手绘学习中较难掌握的部分，也是最为关键的部分，掌握了透视原理就等同于抓住了空间手绘的"灵魂"。初步入门阶段，可以从单体物体的临摹或写生来学习基础的透视原理。但即使在临摹阶段也要清晰地掌握透视的基本原理，只有从单体开始严谨地进行透视的计算，才能够帮助我们进一步地掌握空间的透视关系。在一定时间的单体练习之后再转入对完整空间的透视练习，这跟手绘的学习步骤是一致的，都是由浅入深的过程（图59、图60）。

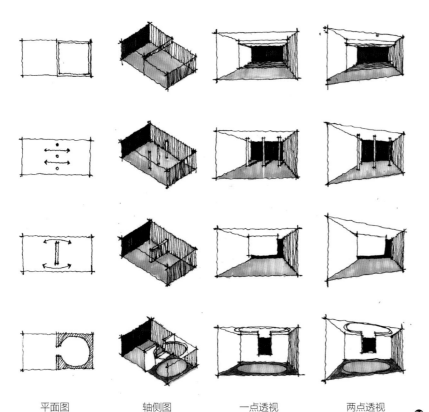

平面图　　　　　轴侧图　　　　　一点透视　　　　　两点透视

❺❾

❺❾ 透视关系示意 绘制：陈瀚

057

Chapter 1
传达与表述

Chapter 2
由浅入深的设计表达

Chapter 3
设计逻辑带入效果表现

Chapter 4
技法与延伸

Chapter 5
主题空间表现

一点透视和两点透视是空间透视原理中两个常用的专业术语。当然还有三点透视，多点透视等等，但在手绘效果图的绘图中运用最广泛的就是一点透视与两点透视。我们可以简单地理解为一点透视就是结构线仅有一个灭点的空间透视，两点透视就是空间结构线存在两个灭点的透视，以此类推，三点透视就有三个透视灭点，多点透视即有多个灭点。

一点透视是透视原理中最为简单的一种模式，它容易理解又易于绘制。我们通常可以从正方体的透视关系来理解一点透视，就如我们在初学素描时是通过几何体来进行结构和透视的理解的。

首先我们可以将所有的物体概括成简单的几何形态，通过简单几何形体的透视来理解和掌握复杂物体及空间的透视关系。先从几何形体入手掌握透视，就如我们在学习素描时，先要掌握几何体结构描绘一样，几何体是任何物体的基本框架，掌握了几何框架，才能够掌握复杂物体的描绘。所以入门的单体练习，我们可以选择较为简单的几何形体来进行。对几何体透视的了解可以帮助我们更准确地找到物体的透视框架，特别是单体的绘制；而空间更是一个放大的几何体，

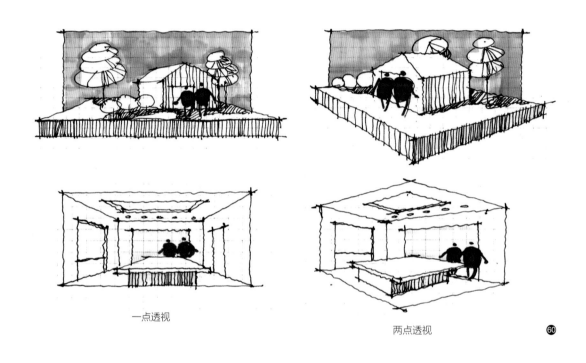

一点透视

两点透视　　　　　　　　❻

❻ 透视关系示意：一点透视与两点透视　绘制：陈瀚

只是我们开始进入了几何体的内部。我们同样可以用几何体的基础物理结构来理解透视的基本关系，而进入到空间我们不仅要掌握简单的透视原理，还需掌握视点、视角、视高等等影响视觉变化的一些透视术语。

常用的透视术语有如下内容：

E. 视点　人眼所在的点；

H．P．视平面　人眼高度所在的水平面；

H．L．视平线　视平面和画面的交线；

H．视高　视点到地面的距离；

D．视距　视点到画面的垂直距离；

C．V．视中心点　过视点作画面的垂线，该垂线和视平线的交点。

2. 一点透视

顾名思义，由于空间中的结构线，水平方向平行于纸张，纵深只有一个灭点，所以称为一点透视。相对于两点透视，一点透视更加容易理解与掌握，所以我们一般从一点透视开始进行透视原理的初步练习。

我们可以将空间内部理解成几何体的内部，首先几何体的水平轮廓线都是平行于纸张的轮廓的，竖向的垂直线同样垂直平行于纸张，这时几何体的另外四条纵深的结构线便聚集于一个消失灭点，这样的透视关系为一点透视也被称为平行透视。一点透视表现范围广，纵深感强，适合表现庄重、严肃的室内空间。缺点是比较呆板，与真实效果有一定距离。

一点透视有两种计算方式：向内计算与向外计算。两种计算方式大同小异，效果相近。

计算方法一（向内算法）（图61）：

（1）按室内的实际大小，按比例尺寸确定 ABCD。

（2）确定视平线的高度，视高点不宜过高，一般设在 1m-1.5m 之间。

（3）灭点 VP，根据构图的角度任意定，M 点（量点）亦根据画面的构图任意选定。

（4）从 M 点引到 C-D 上的尺寸格上进行连线，在连线通过 C-VP 上的连交点为进深点，从进深点上绘制出垂直线。

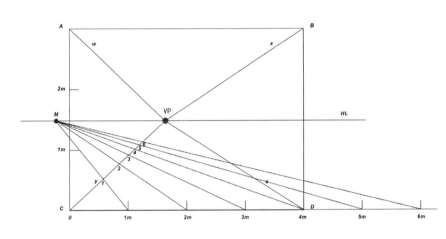

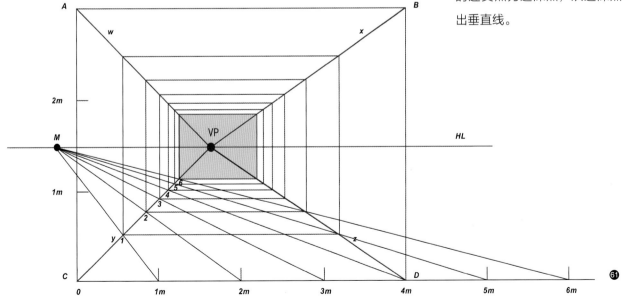

059

Chapter 1
传达与表述

Chapter 2
由浅入深的设计表达

Chapter 3
设计逻辑带入效果表现

Chapter 4
技法与延伸

Chapter 5
主题空间表现

计算方法二（向外算法），向外求算法跟向内求算法大致相同。如下（图62）：

（1）同样按室内的实际大小，按比例尺寸确定 ABCD。

（2）确定视平线的高度，视高点不宜过高，一般设在 1m-1.5m 之间。

（3）灭点 VP，根据构图的角度任意定，根据灭点将空间的进深结构线画出来。

（4）M 点（量点）亦根据画面的构图任意选定。

（5）作 CD 线段的延长线，根据空间的进深每米定一格，从 M 点连接到 C-D 的延长线上的进深点。

（6）利用 VP 连接墙壁天井的尺寸分割线。

（7）根据平行法的原理求出透视方格，在此基础上求出室内透视。

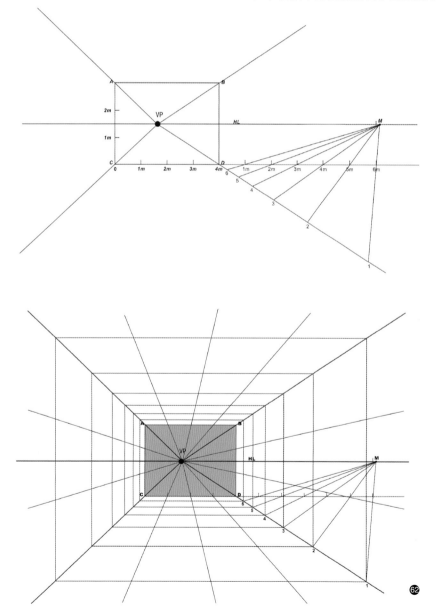

62   62 一点透视画法示意 绘制：陈瀚

3. 两点透视

　　两点透视是除一点透视之外较常用的一种透视计算方式。我们同样可以用几何体代替空间的方式来理解它，它的组成特点是构成物体立体关系的三组结构线，其中有一组线，即纵向的结构线，与纸张的左右边缘线平行，其他两组线均与画面成一角度，而每组有一个消失点，共有两个消失点，这两个消失点同在一条水平线上，两点透视也被称为成角透视。两点透视图面效果比较自由、活泼，相对于一点透视能够比较真实地反映空间。缺点是，角度选择不好易产生变形。一般情况下，我们在绘制单体时多运用两点透视的方法，它能够比较清晰地交代多个面之间的结构关系。同样，在完整空间的绘制中我们也常常使用两点透视法，但要注意两个灭点的连接，有时我们也可以直接对一点透视的框架稍做修改，使其水平方向的结构线向纸张之外收拢，形成第二灭点，这样就能够将一点透视的结构巧妙地转化为两点透视空间了。

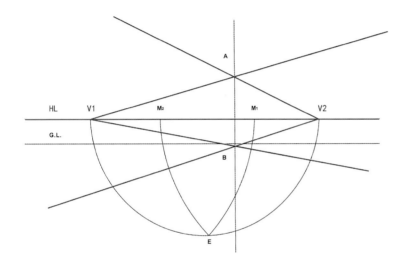

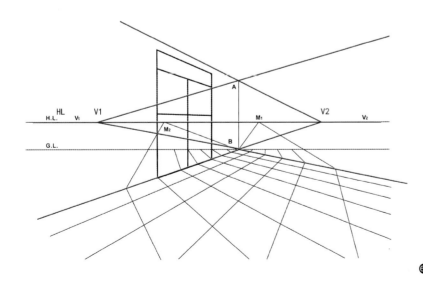

以下线稿是两点透视的常用计算方法（图63）：

（1）按照一定比例确定墙角线A–B，兼作量高线。

（2）AB间选定视平线的高度，过B作水平的辅助线，作G. L. 用。

（3）在H. L. 上确定灭点V1、V2，画出墙边线。

（4）以V1、V2、为直径画半圆，在半圆上确定视点E。

（5）根据E点，分别以V1、V2为圆心求出M1、M2量点。

（6）在G. L. 上，根据 AB的尺寸画出等分。

（7）M1、M2分别与等分点连接，求出地面、墙柱等分点。

（8）各等分点分别与V1、V2连接，求出透视图。

㉓ 两点透视画法示意 绘制：陈瀚

061

Chapter 1 传达与表述

Chapter 2 由浅入深的设计表达

Chapter 3 设计逻辑带入效果表现

Chapter 4 技法与延伸

Chapter 5 主题空间表现

三、明暗关系与投影

明暗关系与投影是物体在光环境中的调子表现，只要有光线就有物体的调子明暗和投影的存在。所以明暗与调子跟空间的光源息息相关。

物体的明暗关系在前面的章节中已有了初步的说明，前面我们提到在手绘中物体的调子关系通常分为三大块：暗部、灰面和受光的亮面。通常受光面以留白处理，所以在进行调子上色时我们通常只上灰面和暗部两个调子，而另外一种更为概括的表达方式是将物体的调子省略为两个关系，即明和暗的关系。暗部分的关系包括了灰面和暗面，即将灰面和暗面一起概括为暗部。调子随光影而来，而空间或建筑等物件的光影通常都分为两大类型，一类是室外的自然光，另一类是室内的灯光照明。而光影对物体的投照所产生的投影实际上非常微弱，即使是较强的光影也需要仔细观察才能发现，那么我们进行手绘时的影子和暗部的关系多数是需要通过设计师进行概括后整理出来的。投影与暗部的关系是紧紧相随的，所以只要我们能够准确地将投影的角度找出来，暗部的轮廓便唾手可得了。当然，我们也可以先从暗部轮廓来找寻投影，它们的因果关系是相同的。（图64）

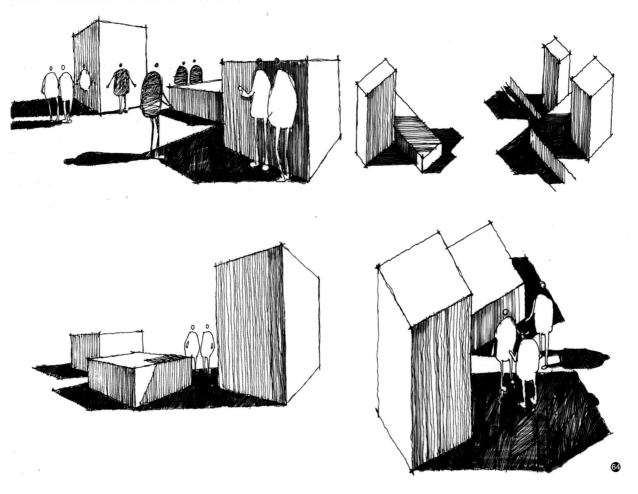

❻❹ 投影的绘图画法示意 作者：张心

这里我们简单地介绍常用的投影画法。首先，正确的投影画法必须建立对于物体准确的投影位置的了解，在室外是在哪一个季节、哪一天的哪一个时刻，在室内是聚光灯或射灯或泛光灯等等，这些信息都是非常重要的设计资料，根据这些资料信息我们就可以推演出一个图像中物体的轮廓了。其次，我们描绘空间中的任何物体，都可以利用加重投影来强调物体的品质，养成习惯性地为每一个物体绘制投影，勤加练习，对光和影的感觉就会越来越敏感了。带着对光影的感觉，我们可以掌握一些简易的方法，如将影子的角度定在离物体30度、45度或60度等的常用角度，在一个空间里物体的投影角度都有了统一的角度，这样绘制起来就较容易了。我们会发现空间中的光影常常不明显，难以观察，所以通常物体投影的准确度并非绘图内容的重要因素，这时，投影的绘制还有一种非常好的方法。这种方法假设物体投影的方位及角度均为一个常数，即45度，45度的投影角度因美学上构图的审美需要而被广泛认同，同时也是最简便、最快速的物影画法。

四、单体与组合的描绘

1. 单体的描绘

单体的入门阶段可以选择较为简单方正的物体进行练习，如沙发、床体、茶几等等。入门阶段，如方形体块家具的绘制，我们可以将其视为简单正方体，将家具视作简单的几何体来理解它们的透视关系，这就更为易于入门了。以几何体的透视框架作为单体的外轮廓框架，再将多余的体积按减法构成的方式减去后再绘制出来，所有简单的单个物体我们都可以用类似的方法进行描绘，如室内的床体、柜、室外的汽车、树木等等（图65）。

㊸

063

Chapter 1 传达与表述

Chapter 2 由浅入深的设计表达

Chapter 3 设计逻辑带入效果表现

Chapter 4 技法与延伸

Chapter 5 主题空间表现

进入组合物体的描绘时，对于调子和投影关系的处理要注意整体性和完整性。来自同一个空间的一组物体，它们的光源显然是相同的，所以它们的明暗调子的角度和方向必须是一致的，其投影也是一致的。在组合的物体中，由于它们之间关系紧凑，可能会出现两个紧紧相挨的物体之间，一个物体的投影投射到另一个物体的受光面之上。我们可以通过处理物体之间相叠的投影来突出物体与物体之间的层次关系。必须注意的是，一组物体的投影关系不应该过于零散，现实中，也许每一个物体都有一个独立的影子，但是我们在对组合物体进行描绘时，通常的处理方式是假设这一整组物体投到地面上的影子是连贯在一起的，即它们之间有一个整体的投影，这样能够避免画面过于凌乱，提高整体性。

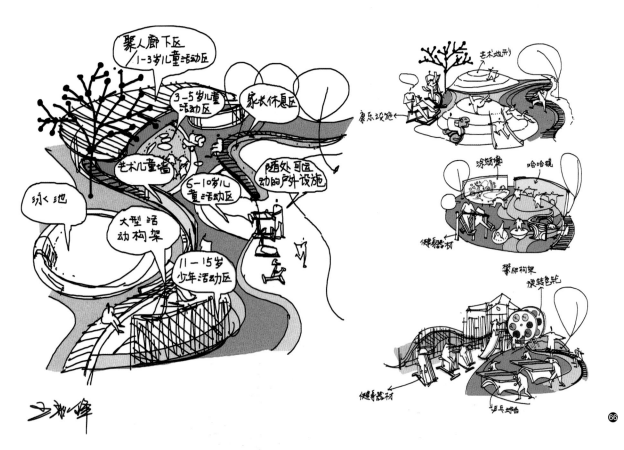

⑥ 局部景观装置组合描绘 作者：王耿峰

　　组合中的色彩关系因为有了多个物体的搭配存在，要比单体的色彩关系复杂许多（图66）。色彩关系是依附于质感与光影变化的，不同的色彩图案赋予界面鲜明的装饰个性，从而影响到整个空间。作为组合的物体常常是整个空间中色彩最为丰富的部分，但上色时要注意色彩构成关系的运用，恰当地进行色彩的冷暖对比和补色对比来营造丰富的画面品质。灵活地处理好组合中的整体色彩关系，运用好色彩之间的对比能够为一组物体带来赏心悦目的效果。我们可以运用前面提到的色彩搭配的各种方法进行组合的色彩处理，例如较为强烈的色彩对比关系我们可以选择灰色系与高纯色系之间的对比或是补色之间的对比来进行色彩强调，而较为温和的色彩关系我们可以选择同类色彩或近似色系之间的弱对比。

065

Chapter 1
传达与表述

Chapter 2
由浅入深的设计表达

Chapter 3
设计逻辑带入效果表现

Chapter 4
技法与延伸

Chapter 5
主题空间表现

单体的调子关系在前面章节中也已经有所介绍，前面在对调子和投影的绘制学习中对调子的概括提到三层关系的调子和两层关系的调子，即通过明、暗、灰三个关系来给单个物体定调子。不管是室内灯光或是室外的天光，光线的来源多在物体的顶部，所以我们通常将物体的顶面定为受光面，而多数以留白来做调子处理。但为了便于调子的区别，我们通常将所假设的光源偏向于物体的一个角，这样物体的灰面和暗面的关系就更好确定了，例如当光源偏向左边时，单体的投影即在右边，暗部也在右边，灰面就偏向于左边了；反之当光源在右边时，它们的关系就是反过来的。（图67、图68）

❻❼ 单体绘制　作者：刘敏琳

单体的受光面通常是可以不做上色处理的，只有在需要较为细腻的表达效果时才做简单的处理，例如用较浅的马克笔轻薄地上色，或用彩色铅笔做浅浅的铺色处理。有弧度的表面也通常是利用彩色铅笔来做灰面与受光面的过渡，通过这样的描绘来赋予物体表面温和的过渡效果。

两层关系的调子是从明暗两个关系来处理单体的调子，即前面提到的将灰面与暗面统一归纳为暗部处理，这种调子关系较为简单利索。在线稿阶段我们多采用这种方式做调子归纳，但在马克笔上色阶段反而可以在线稿的基础上多分出一个调子，从而变成三个调子关系，这样物体的调子关系又变得细腻而有变化了。

❻❽

❻❽ 单体绘制 作者：李伟邦（左三），尹微微（右二）

　　最后，跟调子关系一样不能被忽视的是物体的投影关系。投影对物体的重要性我们也在前面一再强调，它既可突出物体在空间中的层次关系，又能够说明光影与空间的关系。就如我们学习绘画之初的几何体素描绘画，调子中不能没有投影，只有将投影真实地刻画出来才能赋予物体真实的立体感。前面的章节在对投影的绘制部分的介绍中我们已经交代了几种常用的投影绘图方法，这里对于单体的简单绘制我们可以尝试以 45 度的角度来进行投影绘制，它不需要准确无误，只要将物体暗部调子的对比关系反映出来即可。

　　反光与反射的质感在物体的表面材质绘图中非常常见，也是所有手绘效果图中最为常见的材质表达内容。例如玻璃材质、不锈钢材质、塑料等，它们都具有较强的反光效果，我们通常经由马克笔和彩色铅笔的相互结合来获得这类材质的质感效果。用马克笔进行质感表达时，笔触的排列非常重要，排笔必须整齐、利落，在受光的部位通常收细笔触，提笔甚至留白来表现高光。即使不使用彩色铅笔，单纯的马克笔上色依然能够将反光强烈的质感效果较好地描绘出来，通常我们可以结合尺子，以较为流畅刚硬的笔触或留白处理来达到强反光的效果。另外，在练习的过程中，我们可以通过一张线稿的反复上色来提高色彩运用能力，即同一个组单体的不同色彩运用。

2. 局部组合的描绘

  局部组合的表现是继单体训练后的又一渐进式的训练阶段。组合中包括了空间中的多个物体或家具，它的表达比单体的表达相对要复杂繁琐些，但又不及完整空间表达的难度。组合物体的绘图虽然不及完整空间的效果，但在这一阶段从组合的调子及色彩关系中已经可以初步反映出大致的空间效果了。所以气氛的表达是局部组合描绘要考虑的问题，局部组合是空间中多个单体结合起来的一组物体，但它们受到环境光及环境色彩影响，我们可以通过着色的细致处理，利用马克笔和彩色铅笔的结合处理来进行色调和气氛的渲染。多个体块关系的出现形成了物体的对比和层次关系，这时色彩对组合物体的描绘除了要注意气氛的表达之外，还要注意对组合中主要物体的强调，利用色彩和调子深浅来强调其间主次和虚实关系的对比（图69）。

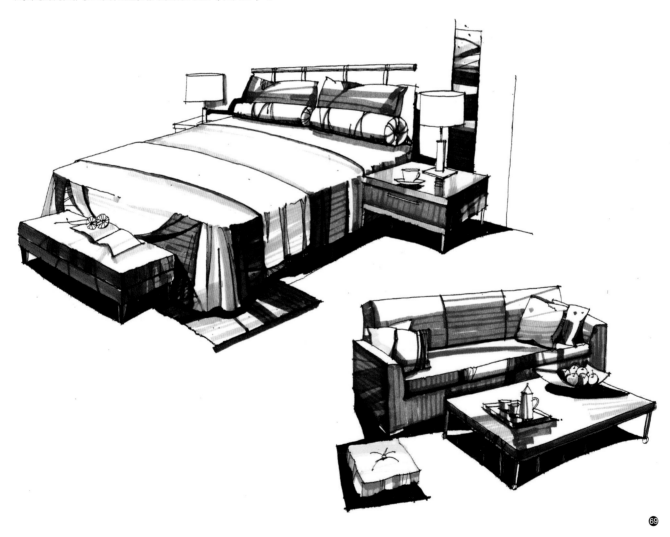

067

Chapter 1
传达与表述

Chapter 2
由浅入深的设计表达

Chapter 3
设计逻辑带入效果表现

Chapter 4
技法与延伸

Chapter 5
主题空间表现

⑥⑨ 局部家具组合描绘　作者：张心

最后，背景色彩和调子的处理也有利于协调和突出前面的组合物体，可以根据空间的需要，有选择性地加强部分背景来达到强调某一物体的效果。这就如我们学习素描画的描绘一样，有时为了衬托出画面中的某一物体，尤其是浅色的物体，我们可以利用加深背景的处理手法衬托出前面较浅的物体，使得物体更为突出；而当组合中的物体色彩或调子较为深时，我们可以保留浅色的背景，使主体的组合物体更突出。对于一些本身外形轮廓视觉冲击力较强、造型较为有个性的物体，有时我们也可以忽略背景，将背景留白，这样也能够更好地突出主体的组合物体（图70）。

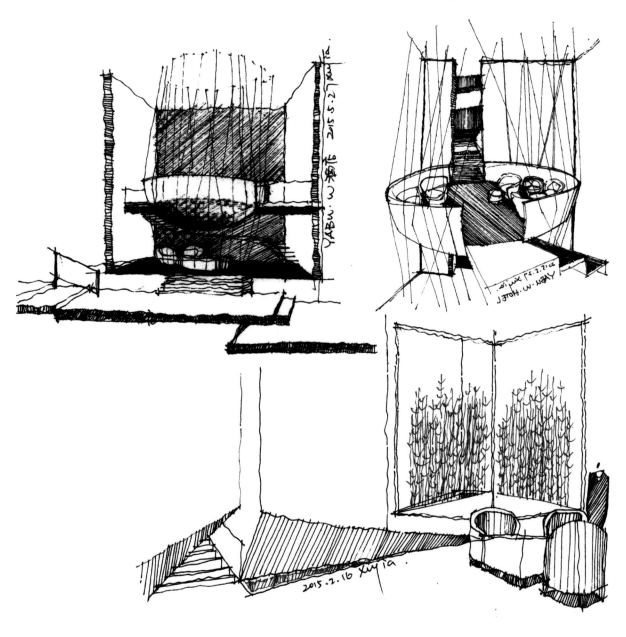

五、构图与内容组织

　　构图是一切绘画造型艺术的关键，它是将设计的各个内容元素根据主题性有组织有计划地进行画面的排布，构图是评价一幅手绘作品优劣与否的关键。怎样处理好立体三维空间中高、宽、深之间的关系，以突出主题性并增强画面艺术的感染力是整个绘画构图研究的目的（图71）。

居中对称式构图
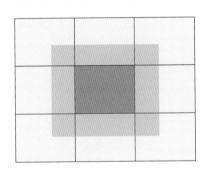

辐射或向心式构图
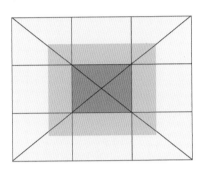

横向构图
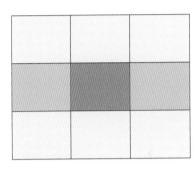

竖向构图
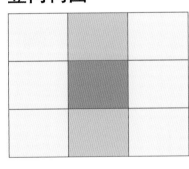

平行构图
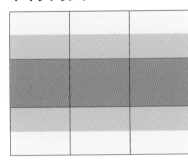

对角构图
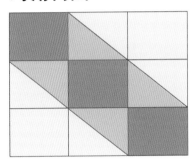

71 常用的构图方式

　　平面构图中常常强调画面的均衡性与对称关系，这也是在构图技巧中常常被强调的两个关系，处理好画面的均衡性、对称性和主次关系可增添画面的稳定感，而稳定感是在艺术层面上判断艺术品质好坏的一种视觉审美习惯。均衡性和对称并不是均分的关系，它们是一种有逻辑性的比例关系，是在一种恒定的关系里去寻求变化来获得美感。对称构图时由于画面中的稳定感较强，使得画面具有庄严、肃穆、和谐的感觉，但这种构图要注意在对称中寻求变化，而不是平均分配画面，应该是既有节奏韵律又富有微妙的变化。除了均衡与对称之外，我们还可以利用平面构成的基础原料来作为构图的一些常用的手法，例如画面中主次的对比、对角和向心的构成以及垂直和水平关系的处理等等。

　　在平面构图时有一种常用的、近乎逻辑化的网格等分的方法，我们可以将一张 A3 纸以黄金分割点为切割点分成九个等分的九宫格，在这个动态的网格等分系统中去寻求各要素的均衡关系。构图时并非丰满紧凑就是好的，在这其中一定要留有虚化、弱化的部分，才能在画面中与主题物形成对比关系，这样，留白也是构图的一个技巧。利用网格等分系统的好处就是能够在已有的网格系统中将各个关系在网格画面中预留出来，包括画面的留白处理。

　　这里我们重点叙述六种常用的构图：居中对称式构图、辐射或向心式构图、横向构图、竖向构图、平行构图、对角构图。

069

Chapter 1
传达与表述

Chapter 2
由浅入深的设计表达

Chapter 3
设计逻辑带入效果表现

Chapter 4
技法与延伸

Chapter 5
主题空间表现

1. 居中对称式构图

这种构图方式常常将绘图主题以特写或放大的形式进行描绘，给人端庄严谨的视觉感受，起到强调绘画主题的作用。快速地抓住人的视线，将视觉集中在绘图主体上是居中对称构图的一个特点，它可以快速地将主题物与背景分离出来。为了避免居中对称式构图过于单调的缺点，通常可以在主题物的前面与后面加以前景与背景物，这样即可拉开画面的层次，使构图的整体感觉具有丰富的层次感。由于居中构图同时具有端正严肃的特点，在构图时要避免过于沉闷、刻板的画面效果。可以在线条或调子的处理上增加部分处理和强调，也可在后期的色彩关系上去做修饰，以增添动感，从而使居中构图严谨而不古板。（图73）

2. 辐射或向心式构图

这种构图的特点是主体处于中心位置，而周围的物体或结构线呈射线中心集中的构图形式，能将人的视线引向主体中心，带给人强烈的纵深感，并起到聚集的作用。这种构图具有突出主体的鲜明特点，具有视觉向导性的作用，能够快速直接地将主题内容呈现给观看者。（图72）

3. 横向构图

画面通常对称而平衡，给人以满足、安定的感觉，是看上去最自然、用得最多的一种构图形式。横向构图有利于表现高低起伏的节奏感，如果横画幅被加宽，则水平线的造型力将更加被强化，在绘制立面图时，利用这种构图形式常常能够较准确地反映结构间实际的比例关系。由于横向构图的水平张力感强，构图时如果能够准确地抓住画面中的横向切割点，便能在图面上呈现一种富有节奏韵律的构成感。进行该种构图时，三分切割法是最为常用的切割方式，它把天空、建筑物与地面分为三份，而不是三等分。在这三个关系中，通常有两个关系占据七成的比例，这就是常见的"三七律"构图，即天空与建筑物占据上半部分七成的画面比例，剩余三成的画面比作为地面，或是反过来，地面与建筑物占七成的画面比例，而天空只占三成比例。这也是对黄金分割比例的一个很好的运用，被称为最佳的构图布局比例关系，是运用非常广泛的一种构图形式。横向构图的切割比例以三七为常见，但并不只有这样一种切割比例关系，在实际构图需要时，四六、二八的比例也常常可见。（图75）

Chapter 1
传达与表述

Chapter 2
由浅入深的设计表达

Chapter 3
设计逻辑带入效果表现

Chapter 4
技法与延伸

Chapter 5
主题空间表现

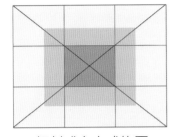

辐射或向心式构图

72 辐射或向心式构图 作者：许嘉

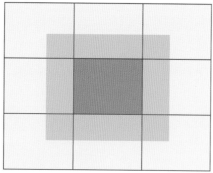

居中对称式构图

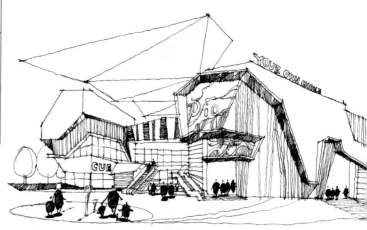

73 居中对称式构图 作者：张心

Chapter 1
传达与表述

Chapter 2
由浅入深的设计表达

Chapter 3
设计逻辑带入效果表现

Chapter 4
技法与延伸

Chapter 5
主题空间表现

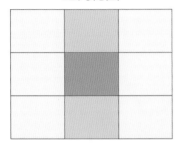

竖向构图

74 竖向构图 德国建筑画

4. 竖向构图

这种构图也是一种常用的构图形式，它有利于表现垂直线特征明显的景物，往往使景物显得高大、挺拔、庄严。竖向构图通过竖向结构线的上下延展来抓住人的视线，随着上下结构线可以把画面中上下部分的内容联系起来。它具有垂直的力量感，在描绘单个建筑时可以带来宏伟的视觉效果。竖向构图的切割方式类似于横向构图，找准对的切割点便能够形成优秀的构成比例，三七分定律仍然是较为常用的一种切割分配法则。（图 74）

5. 平行构图

与横向构图不同的是它在横向切割时形成两条或多条横向切割线，多条水平平行线的切割通常能够给人带来平稳的感受，同时也带来较为宽广的画面感。通常横向切割线的节点也需要进行认真的考究选取，横向有序的切割构成关系通常能够带给画面静谧而稳定的静态美感。由于一点透视的结构框架正是平行于纸张的，所以当我们用一点透视作为透视框架时通常会自然形成平行透视，所以平行构图在一点透视空间中非常常用。但一点透视空间本身就较为刻板单调，在利用平行构图时要善于打破平行的构图框架，来营造富有变化的空间层次，为此许多设计师运用植物、家具等的收边处理，来打破平行的结构线而获得画面层次感。（图 78）

6. 对角构图

对角构图在建筑、美术、工业设计中的运用非常广泛，它的构图特点是把主题物安排在对角线上，跟向心式构图一样具有较强的导向感，对于立体感、延伸感、运动感的表达较为强烈。由于结构动线呈斜向，它能有效利用画面对角线的长度，使配景与主体发生直接关系。使用对角构图能带给观众以强烈的视觉冲击力，有夸张的视觉效果，它避开了平行和垂直构图的刻板，形成了视觉上的均衡和空间上的纵深感；它富于动感，显得活泼，容易产生线条的汇聚趋势，吸引人的视线，达到突出主体的效果。（图 76、图 77）

075

Chapter 1 传达与表述

Chapter 2 由浅入深的设计表达

Chapter 3 设计逻辑带入效果表现

Chapter 4 技法与延伸

Chapter 5 主题空间表现

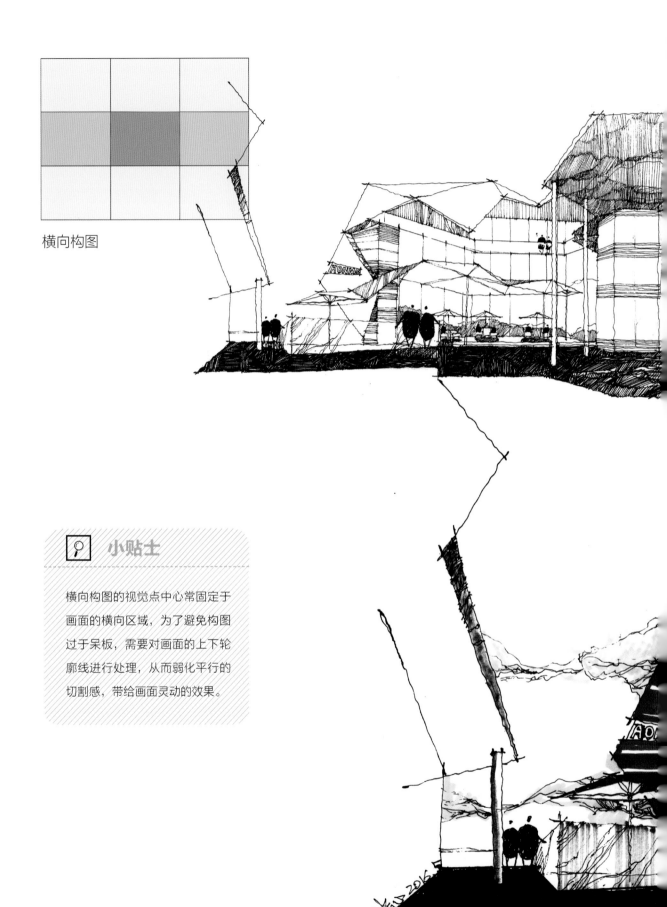

横向构图

小贴士

横向构图的视觉点中心常固定于画面的横向区域，为了避免构图过于呆板，需要对画面的上下轮廓线进行处理，从而弱化平行的切割感，带给画面灵动的效果。

75 横向构图建筑空间设计　作者：张心

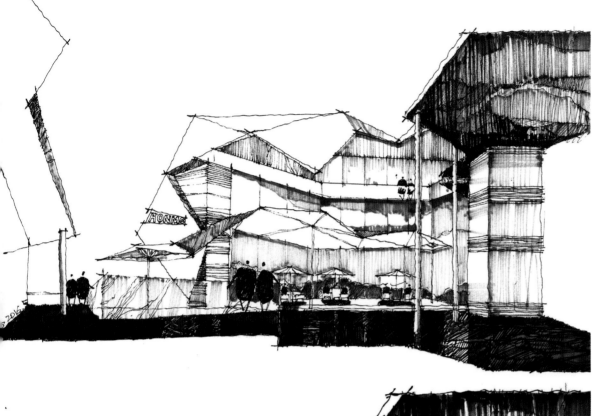

Chapter 1
传达与表述

Chapter 2
由浅入深的设计表达

Chapter 3
设计逻辑带入效果表现

Chapter 4
技法与延伸

Chapter 5
主题空间表现

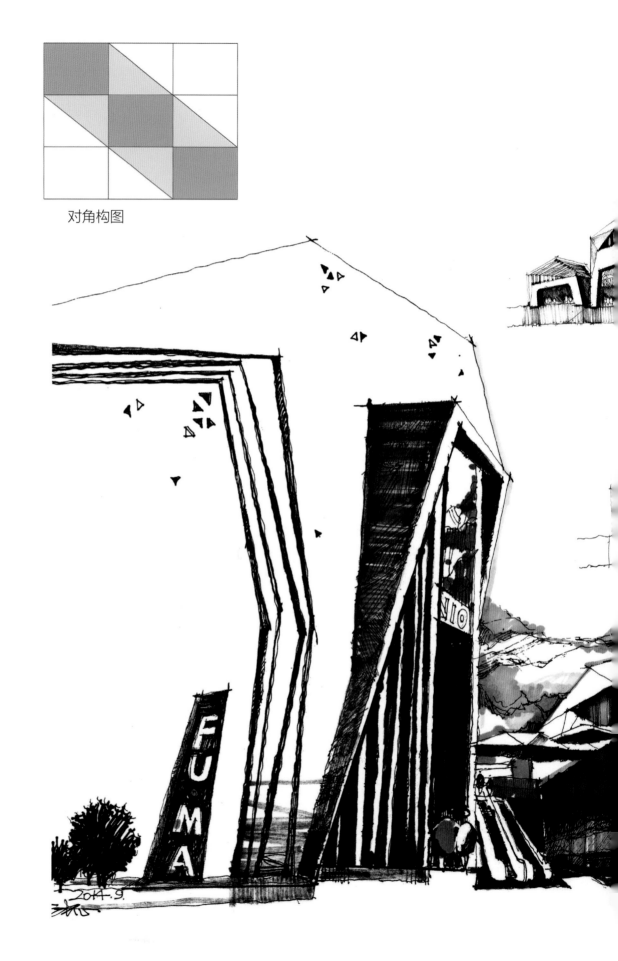

对角构图

079

Chapter 1
传达与表述

Chapter 2
由浅入深的设计表述

Chapter 3
设计逻辑带入效果表现

Chapter 4
技法与延伸

Chapter 5
主题空间表现

76 **76** 对角构图建筑空间设计 作者：张心

对角构图

Chapter 1
传达与表述

Chapter 2
由浅入深的设计表达

Chapter 3
设计逻辑带入效果表现

Chapter 4
技法与延伸

Chapter 5
主题空间表现

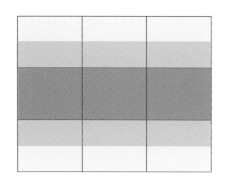

平行构图

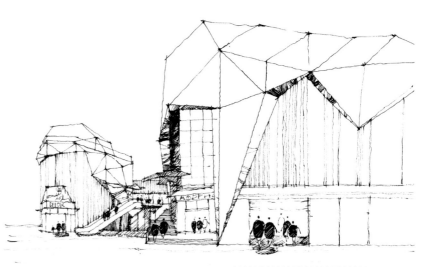

Chapter 3
设计逻辑带入效果表现

一、符号与表述

信息与层级关系的描述

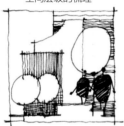
空间层级的梳理

空间的示意

分析与空间引导

㊲

符号是设计示意表达的方式，具有研究性质的设计构想都是从示意图入手的（图79、图80）。从设计示意的发展来看，我们可以将设计示意图分成四个阶段：构成关系的符号示意；设计构想示意；一般性示意；具体图像。

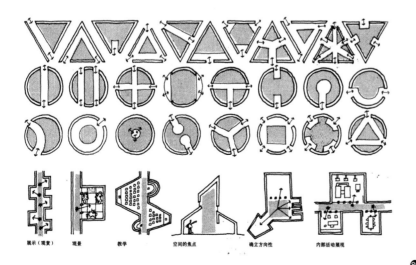

展示（观赏） 观景 教学 空间的焦点 确立方向性 内部活动展现

㊲ 设计符号手绘图示

㊳ 空间的疏散与活动概念手绘。《建筑语汇》
作者：爱德华·T·怀特；译者：林敏哲、
林明毅；出版社：大连理工出版社

㊳

我们可以把它们统一看作是设计符号的表述，每一阶段的设计表述都是从最简单的符号开始，逐渐地完善而变得丰富成熟的。符号化的概念表达为我们的设计概念及设计的手法、技巧等提供方法和选择（图81）。

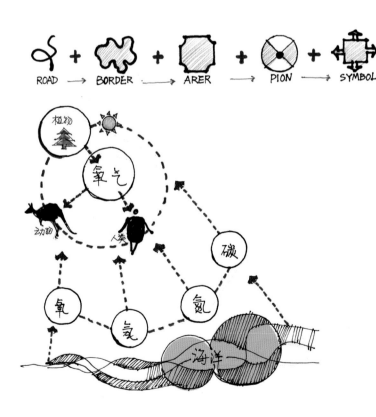

有了这些看似符号般的设计表述，我们在每一个阶段就都能够有清晰的设计思维，这为我们设计构思的完善节省了非常多的时间，因为在设计过程的任何一个阶段中，它们都是帮助我们制作清晰、有效图面的最佳工具（图82）。

81 烁石与空间概念手绘。《建筑语汇》作者：爱德华·T·怀特；译者：林敏哲、林明毅；出版社：大连理工出版社

82 区域空间节点性分析 绘图：姜漪

085

Chapter 1
传达与表述

Chapter 2
由浅入深的设计表达

Chapter 3
设计逻辑带入效果表现

Chapter 4
技法与延伸

Chapter 5
主题空间表现

构成关系的符号示意多半运用于设计概念的最初规划、整合，或是文字性的表述阶段，它是设计师在设计最初阶段分析和思维整理后的概括性表达。例如用于说明设计思维逻辑的泡泡图，它是以文字为主要内容的树状构成的一类图示；以文字为表述方式的还有分类表的方式，以及在平面图框内以箭头作为示意的对一些人流、气流、采光等的说明，还有简单的色块分区说明图等等都是常见的概念示意说明（图83）。

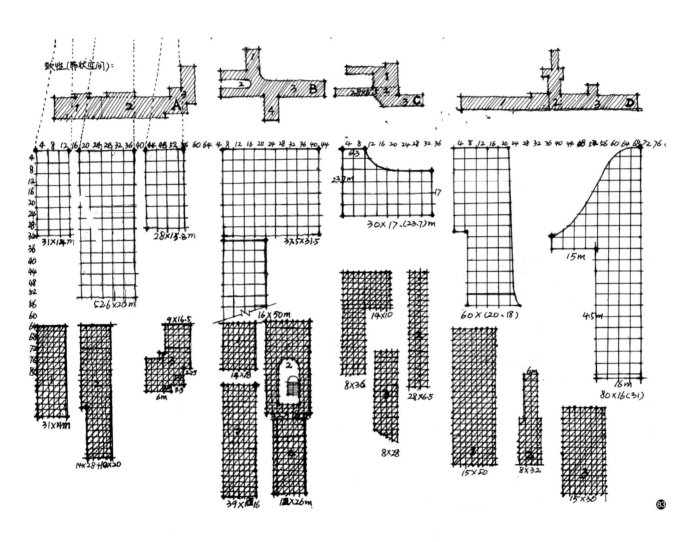

❽❸ 区域空间节点性分析 绘图：张心

设计构想示意，一般用于向设计受众解说或传达设计者的设计概念，这个时候设计内容基于设计逻辑思维性引导已经有了基本的雏形。它用最简单的图示方式、接近于漫画式的简单设计向受众方描述某一个设计的环节或某一内容，所以它要比前面构成关系的符号示意更具体一些。例如用一点一线来表示一个人，用方块的几何形态来表述建筑物体，用一个圆泡泡表述一棵树……这一阶段主要是表现设计内容中物件元素之间的关系，这时候图示不仅限于平面的表达方式，而是多以立面图、轴侧图等为常见的表达方式（图84、图85）。

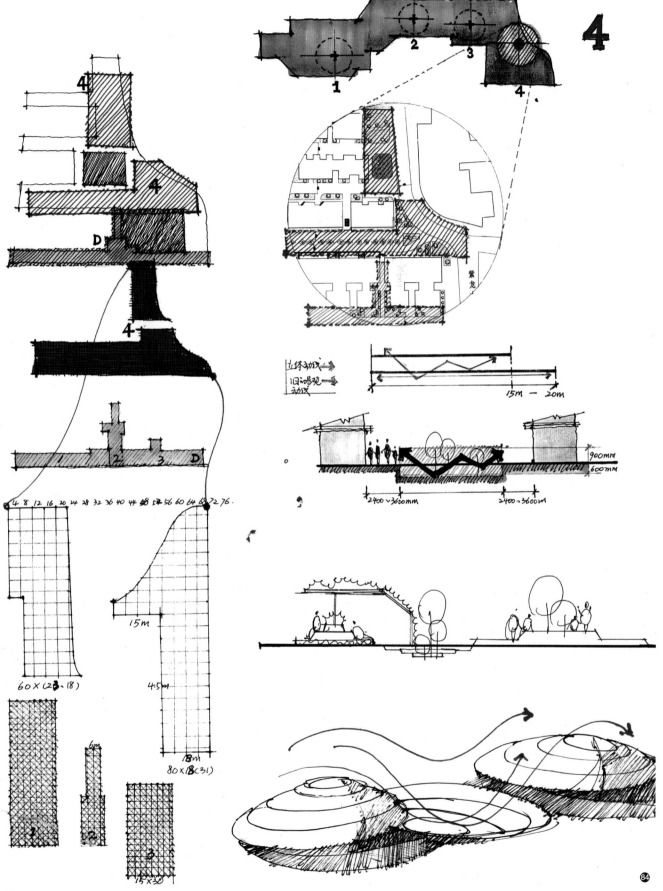

087

Chapter 1
传达与表述

Chapter 2
由浅入深的设计表达

Chapter 3
设计逻辑带入效果表现

Chapter 4
技法与延伸

Chapter 5
主题空间表现

84 区域空间节点性分析 绘图：张心

一般性示意图是设计师最常用的一种绘图形式，它既具体又概括。在设计构想示意的基础上，这一层级图示的内容物体更为清晰具体，而且更加强调各内容物体在图示中的具体形态。例如在描绘家具时，采用较接近真实的造型来进行绘画，甚至考虑家具的明暗调子关系，以及投影等等。这一阶段所绘出的空间内容更加具象生动，同时也赋予画面更高的品质表现。

具体图像用于深入刻画设计的具体成果，也是最终设计效果的表述。这一阶段的图像除了赋予物体调子、明暗关系之外，还考虑设计空间内容的具体气氛、基调、状态等特别的品质，这时绘图内容中局部到整体的质与量关系都在图像中表达得淋漓尽致。

总之，有序的图形表达最终是为了在一连串的设计信息整合过程中实现最完整的讯息传达。当我们真正地融入这样的设计逻辑系统中时，设计表现的品质、速度、清晰度及资料整合等等将达到一定的水平。为此，我们必须不断地动手尝试，有序地依据不同阶段设计思路的需要，发展出一套具有

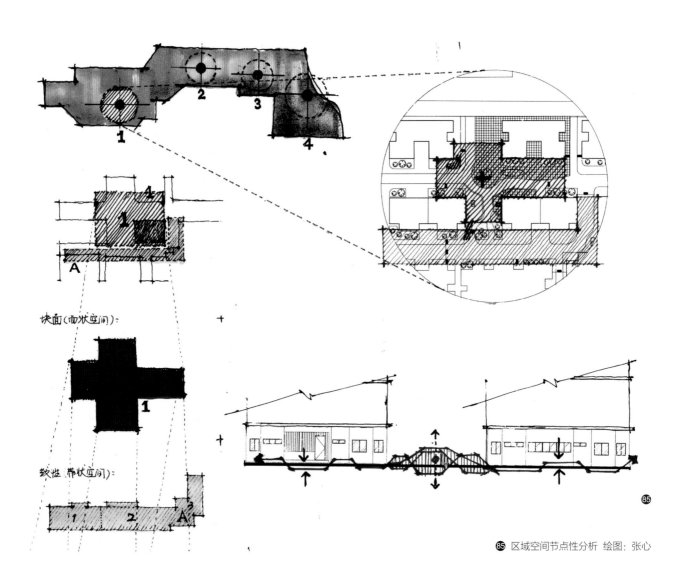

85 区域空间节点性分析 绘图：张心

逻辑性的设计表现符号及图示，从而帮助我们又快又准确地将设计内容呈现出来。

作为环境设计专业的人员，设计的过程必须要遵循一定的思维逻辑，要有分析性及研究精神，接着才能够将技术、手法、色彩等绘图的技能运用得更加得心应手。随着技巧与设计逻辑性的增强，这些符号性的图示方式将成为设计者的独有工具，它的用法将变化无穷，这不仅有利于手绘能力的提升，同时也是对设计思维的一种积极的锻炼。

二、概念性草图的表达

概念性的表达，一般用于解说或传达设计的最初概念。它的特点是简单明确，类似漫画式的表达但又能将设计的逻辑性程序表述出来（图86）。

概念草图的表达是一种设计逻辑思维的表述，过程所呈现的是设计者在方案设计时的理想思维内容，它必须具有清晰的思维模式和思路，设计者在进行绘图前需要明确以下几点内容：

(1) 想要表述什么内容？

(2) 概念草图基于什么样的逻辑框架？

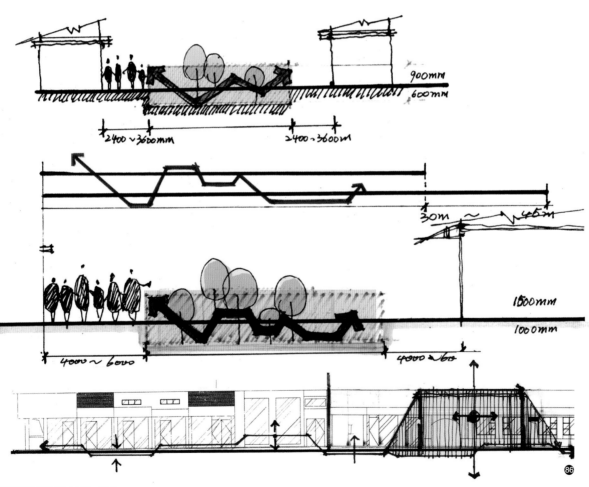

089

Chapter 1
传达与表述

Chapter 2
由浅入深的设计表达

Chapter 3
设计逻辑带入效果表现

Chapter 4
技法与延伸

Chapter 5
主题空间表现

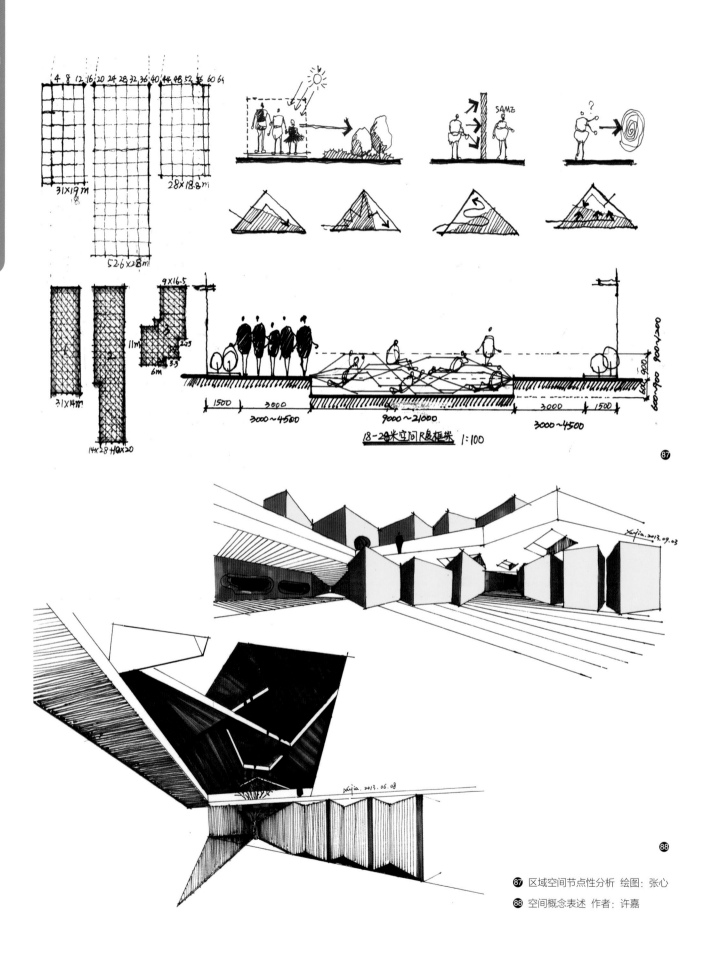

091

Chapter 1
传达与表述

Chapter 2
由浅入深的设计表达

Chapter 3
设计逻辑带入效果表现

Chapter 4
技法与延伸

Chapter 5
主题空间表现

（3）它与设计成果的联系是什么？

（4）绘图所要达到的目的是什么？

通常一份设计文件的生成需要通过多个阶段的反复推敲，在推敲过程中，概念性草图是设计师自身用来判断和推断设计内容的一种手法，由此可见概念草图与设计内容息息相关，它具有强烈的推理性，利用一种简单的图示方式来进行设计推导是一位专业设计师必须具备的一项专业技能，也是设计研究的方法之一（图87、图88）。

常见的概念性草图有几种：关系图、泡泡图、构想符号图、示意说明图等等。

在空间的表述上也可以通过概念表达来将设计意念的雏形展现于纸张之上。许多设计师在进行平面空间布局之初需要对空间不断地进行推敲，这一阶段有的设计师利用模型进行空间推敲，而更多的设计师在模型推敲前便将脑中的空间构成在纸张上不断地进行分析和推理了，这是一种非常优秀的设计方法和习惯。

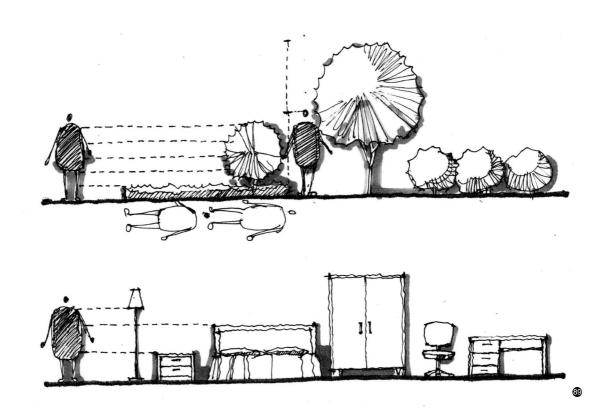

小贴士

如何以正确的比例尺度去设计并绘制图表，是专业设计者必须掌握的一个技巧。在设计的过程中，手绘图作为传达设计内容的工具，常常需要通过一些固定的比例来绘制物体的尺寸，以达到清晰明了地说明物体与空间尺度的目的。

89

❽❾ 以人为比例的关系图 绘图：陈瀚

三、比例与尺度

在手绘设计图纸的早期阶段，所绘制的概念图或许并没有十分准确的比例或尺度，因而物体的大小、背景及彼此之间的尺度关系，都必须通过一个具体的可以感知的度量系统，来让看图者能够从中感知设计者所要传达的实际尺寸。适当在画面中的留白位置标以尺寸说明，或是对局部放大标注等都能够使图面具有一种完整且真实的感觉，这也是专业设计者最常运用的尺度说明方法。许多设计师喜欢在平面或立面的图纸中加以人物的绘制，实际上在图面上表达一个人物的同时，"人"作为设计尺度的标注物是有另一个理念上的意义的，即将人物作为参照物，将它作为一幅图纸画面的一个最简单的比例尺，这种方式对于正确的比例尺度表达是相当简单而快速且有法可循的表达方式（图89）。

以人体作为尺度参照的几种制定尺度的方法：

（1）利用人体为比例尺度去测定物体的大小。

（2）定制一个近似于人体高度的长度单体来作为图面的比例依据。

（3）以人为单位制定比例标尺。

四、平面图与立面的表达

1. 平面图

平面图是最为古老的垂直投影图，从远古时代的传统地图、航海图就可见平面图是人类认知空间的最初的图示。平面图对于投影图以及其他常用绘图形式的发展具有非常重要的意义，它是所有图纸类型的结构基础，所有其他的图纸都是基于平面图才得以获得发展、传达设计信息的。（图90、图91）

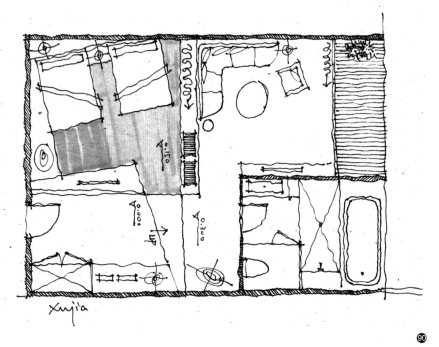

⑨

Chapter 1
传达与表述

Chapter 2
由浅入深的设计表达

Chapter 3
设计逻辑带入效果表现

Chapter 4
技法与延伸

Chapter 5
主题空间表现

91 《美国建筑画选》 作者：R·麦加里、G·马德森；译者：白晨曦；校对：南舜薰；出版社：中国建筑工业出版社

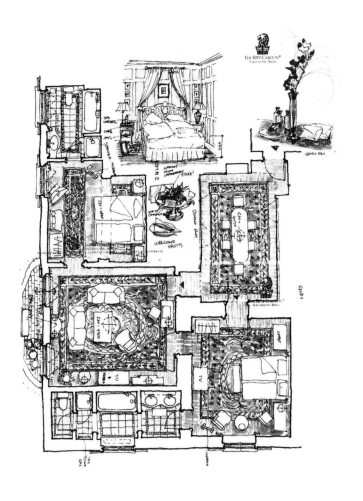

平面图的绘制同样需有正确的比例关系。大型的城市规划、园林规划或建筑规划的平面图比例有1：25000、1：10000及1：1000等，而一般的室内平面图通常在1：1000以内，以1：200、1：100较为常见。有些局部结构的设计说明,也可能是以放大的方式,将某一处的细节以1：25、1：10甚至1：1的详细平面示意图进行绘制。通常平面图的尺度要求是最严谨的,它比立面图、透视图、轴侧图等的要求都要高。因此平面图的绘制通常需要由一个确定好的比例大小开始绘图（图92、图93）。

❷

❷《旅行从客房开始》作者:［日］浦一也;译者：侍烨；出版社：中信出版社

❸ 住宅庭院平面图 作者：张心

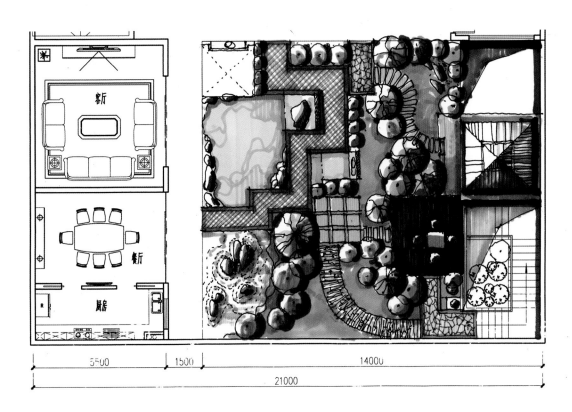

有了确定的比例大小之后，必须严谨地考虑平面设计图纸中各个组成元素的大小、位置，以确保它们在空间中的真实性和完整性。除了必须有准确的尺寸之外，图纸的朝向方位也是需要注意的，正规的平面图纸要注意以正南北的角度进行图纸绘制，这有利于专业人员在查看图纸时进行对日照、通风及建筑关系的观察，也是一种良好的绘图习惯（图94、图95）。

94 住宅平面规划图 设计与绘图：张心

095

Chapter 1
传达与表述

Chapter 2
由浅入深的设计表达

Chapter 3
设计逻辑带入效果表现

Chapter 4
技法与延伸

Chapter 5
主题空间表现

平面图上的图解说明是设计师在设计过程中为了说明某一关系而增加的注释,一些小的图解说明能够提高图面的正确性,使设计内容更加具备真实性。例如图纸本身的尺度比例、朝向方位等,都是需要通过标注说明来进行注释的。

❾❺

❾❺ 住宅楼盘规划设计平面图 作者:张心

❾❻ 建筑规划立面关系图 作者:张心

2.立面图

在设计图纸上进行设计信息传达时,立面图是非常有价值的一种绘图形式,因为立面图能够同时将空间的垂直和水平关系进行叙述。立面图在设计发展过程中对于设计决策的判断、自我设计意识的传达、对外界的设计信息的传达等都非常有效。记录基地现状或基本形态的立面图有助于做设计的决策或研究阶段的分析(图96)。

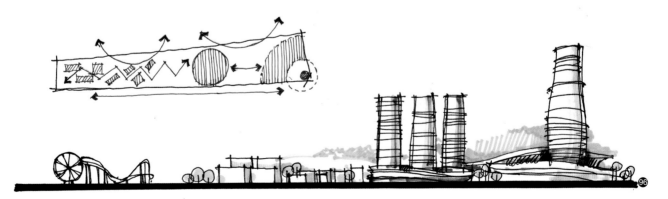

❾❻

立面图同样需要有正确的尺寸比例，无论是水平方向还是垂直方向都需要严格按照实际尺寸绘制。立面图的尺度依据是以平面图为基础的，它可以从平面图上拉出准确的比例及尺寸，它也能够提供发展三度空间图的资讯，由于立面图是在平面图的基础上以正确的比例及尺度构建出来的，所以图面的具体内容都是按比例定位的。不管是在设计前期的图纸还是后期的施工图纸，立面图通常能够将各个层面的细部设计较为仔细地呈现出来，不论是对平面规划的完善还是与相关的立体空间的联系都是具有相当发展性的图面（图97）。

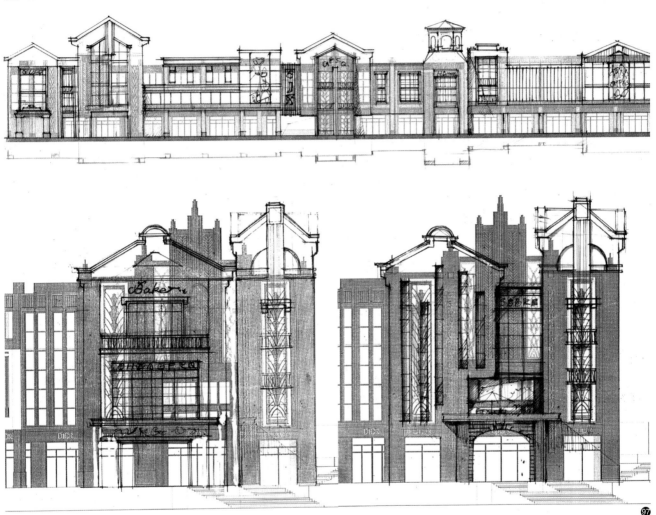

⑨ 建筑立面设计 作者：张心

立面图绘制时要注意图面所概括的范围除了中心主题物之外还需要有足够的背景空间，任何的背景区域都只是为了衬托主体而已，但背景空间的反映可以更好地凸显主题物。一般来说立面的比例尺寸越大，它所描绘的图像内容就越细致丰富。经过周详考虑后有组织地运用线条的粗细和不同的形式、收边或轮廓变化等处理手法，可以增强立面图的品质感和真实性。我们可以通过运用线条的粗细明暗等方式来强化图面的主次关系，在背景物体上使用较轻的线条，在中等距离的物体上使用适中的线条，而前面物体用较粗的线条做强调，这样的绘图线条处理可以给予观者一种具有强弱远近的视觉效果。

097

Chapter 1 传达与表述

Chapter 2 由浅入深的设计表达

Chapter 3 设计逻辑带入效果表现

Chapter 4 技法与延伸

Chapter 5 主题空间表现

98

🔍 **课堂思考**

1. 概念性草图的表达需要注意些什么?

2. 绘图过程中如何把握好比例与尺度的关系?

99

98 景观空间立面关系图　作者：张心

99 建筑空间设计立面图　作者：张心

Chapter 4

技法与延伸

通过不同类型手绘风格的学习来了解手绘多种类型的技法表现；掌握基本技能和方法后，通过本章的学习来增强自我绘图内容的个性，创作属于自己的风格手绘。

通过本章的学习，掌握线条的粗细变化和不同的肌理应用；通过了解各种类型的手绘风格来尝试多种绘图的练习。

一、线稿的类型

在造型艺术中线条蕴含着极大的可塑造性，是人类用于描绘自然及人工物最简单的形式，它可以生成多元的审美元素并发挥无穷的审美作用，熟练地运用好线条对于手绘的表达有非凡的意义。线条是塑造形体、描绘空间体积以及传达情感的有效方法，它能够凭借描绘时的速度、疏密、明暗、刚柔、手法来赋予物体不同的特性和效果（图100）。

100 不同线条的肌理效果示意

light source from left, gray background, shaded side of building black, emphasis on the building

foreground tree black, house and background light, exaggerated distance in between

background black, roof white, strong contrast, striking and strong mood

light source not consistent, emphasis on the sculptural effect of the building creates special effect

contrast in tone emphasizes the connection between the house and the roof

shadow of tree promotes diagonal eye movement across the page and leads viewers to the theme (house)

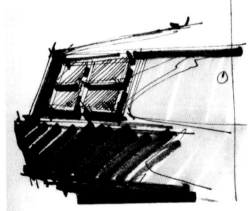

renders details and the reflection of light

brings out the sculptural effect of the product

101

Chapter 1
传达与表述

Chapter 2
由浅入深的设计表达

Chapter 3
设计逻辑带入效果表现

Chapter 4
技法与延伸

Chapter 5
主题空间表现

　　各种强弱、粗细、穿插且有节奏变化的线条都有着不同的艺术特性，它们都具有超强的概括性和深刻的艺术表现力。不同的线条类型具有不同的状态，例如虚实、粗细、长短、曲直、断续等，不一样的状态给人以不同的视觉感受（图101）。

　　不同的线条类型会带来不同的线条品质感。例如密度较高、表面光滑且光感强烈的物体，通常以直线描绘来赋予物体刚硬的质感，而质地柔软、凹凸不平的物体多以曲线进行描绘以赋予物体绵柔的质感。有些设计师习惯于所有的结构性线条皆以尺子进行辅助绘线，用尺子描绘的结构线稿严谨而精密，尤其在现代的展示空间或建筑外观上多有体现。另有些设计师习惯于整幅手绘图都用徒手的线条进行描绘，有些设计师善于徒手绘直线，有些设计师习惯于自然放松的曲线绘制，只要组织得当，每一种徒手绘画法都有它独特的效果（图102）。

线条肌理的表达是手绘线稿表达的一大特点。在空间设计中为了更为真实地将内部效果反映出来，我们一再强调物体的调子关系和投影层次，线稿阶段就要有调子区分的意识了。能够将空间的调子层次清晰地表现出来，即使单纯的线稿图面也可能已经能够将设计的空间内容很完整地呈现出来了。而明暗调子丰富的画面通常用线条来填补暗部及投影部分，因而线条疏密多变及肌理最丰富的部分就在物体的暗部及投影面上。不同的肌理变化可能让画面和空间产生不一样的效果，有些部分为强调块面的整体性，线条肌理要精密有序；有些部分为了增添画面的灵动感，线条的肌理则要放松而曲折多变（图103）。

绘图工具的变化总是可以给画面带来不一样的感觉，即使是单纯的线稿也能够达到不一样的效果。例如更换不同粗细的描写笔，粗细变化的线条穿插自能营造出特别的效果。不同笔头硬度的描线笔也能绘出不一样的线条，例如针管笔所描绘的线是首尾粗细一致的，而硬头油性签字笔所描绘的线条是有粗细变化的，软头的油性笔所描绘的线条具有透气感且粗犷。

二、个性的表达

艺术与设计本身就是富有个性的产物，每一位成功的设计师都在极力地寻求独具个性的表达效果和设计成果。手绘图作为设计艺术在表达过程中的一门技术，即使它的作用仅在于辅助设计的完成，但作为表达的一种方法，设计者完全有理由赋予它更为个性的艺术气氛。就如彩色铅笔的描绘常常较为细腻，但绘图者若能够给予充裕的时间细心刻画，便能赋予画面极强的艺术感（图104）。

绘图内容的首要个性是必须把所要表达的空间内容进行完整地呈现，所以空间特性的呈现即绘图表达的关键点。手绘所表达的不同的空间内容，其个性应该是不同的。例如公共建筑空间，它给人的感觉应该是端庄大方的，而景观园林空间应该赋予画面轻松开阔的特点。展示空间应该是新颖而多变的，绘制不同的空间要考虑其空间特性的变化，从而赋予空间不一样的特色效果。

105

Chapter 1
传达与表述

Chapter 2
由浅入深的设计表达

Chapter 3
设计逻辑带入效果表现

Chapter 4
技法与延伸

Chapter 5
主题空间表现

105 手绘效果表达 作者：许然

为了凸显手绘作品的个性特点，在绘图时可多尝试不同的绘画工具来获取不同的个性效果（图105）。例如在已经做了马克笔上色的手绘稿上再以签字笔或铅笔来进行第二遍的调子整理；也有设计师尝试将透明拷贝纸铺于线稿之上，直接在拷贝纸上做彩色铅笔上色，这样的上色效果又有另一番风格特点；为了达到不同的效果，纸张也是可以更换的，例如在粗糙的素描纸上进行上色，或是用吸水性极好的水粉纸进行上色，都是可以由纸张来获得不同的色彩效果的。

106 蜡笔效果表达 《马克笔草图技法》（*Sketching with Markers*）

当我们的手绘学习进行到最后的阶段，我们都要鼓励自己尝试各种创作，从临摹和各种惯用的技法中走出来，创造属于自己的绘图个性。就像每一个设计先锋者，不管任何一个阶段，我们都可以从他们的新作品中认出是谁的创作，创造真正属于自己的作品就犹如完成自己的签名一样，拥有属于自己个性的手绘图就如在作品上加了自己的印章，这是设计和手绘走向成熟的标志。（图106）

三、风格与类型

不同风格的手绘作品具有不同的格调、品质和视觉感观效果。就如传统的绘画作品，不同时期不同风格特色的作品都可能是极具表现力又个性突出的作品，不管运用什么样的绘画风格，宗旨都在于对所描绘内容的生动表达。手绘作品的风格也就是作者的绘图个性标志，可以成为设计者的特属专利，当一位设计绘图者的绘图风格已经形成并被同行广泛认可时，哪怕有众多的学习者对他的作品进行临摹或抄袭，这些作品依然能够为原创者取得认可，成为一种特有的风格标志。（图107）

107

Chapter 1
传达与表述

Chapter 2
由浅入深的设计表达

Chapter 3
设计逻辑带入效果表现

Chapter 4
技法与延伸

Chapter 5
主题空间表现

在二十世纪末期，由于电脑对于设计行业的辅助还不完全成熟，电脑效果图的制作常常耗时又质量不佳，许多设计师都专注于手绘效果的表达，这一时期的手绘效果图风格百出，且设计师的刻画都较为细腻，层次分明且技法丰富。在绘图工具的使用上也较为广泛，有明亮清新的水彩效果也有色彩浑厚的版画效果，更有细腻的喷画效果等等（图108）。

采用铅笔或炭笔进行手绘的特点是它总是易于处理柔和的调子关系，这就如我们画素描画一样，只要耐心多次刻画便可以带给画面细腻立体的效果。但铅笔或炭笔画的缺点是不利于材质色彩的表达，但也因为它展现的是单一的灰色而显得个性而独特（图109）。

小贴士

每一种绘图工具都可能存在一定的短板，有时我们可以多种工具综合使用，在铅笔画的局部可以用彩色铅笔进行增色，或用马克笔进行暗部加深。

109

109

Chapter 1 传达与表述

Chapter 2 由浅入深的设计表达

Chapter 3 设计逻辑带入效果表现

Chapter 4 技法与延伸

Chapter 5 主题空间表现

　　绘制于有色卡纸上的手绘图由于对绘画基本功的要求较高而并不多见，但偶尔有设计师大胆地采用，效果尤为突出。由于卡纸本身带色，通常卡纸即主体的固有色，暗部常需用较深色笔进行刻画，而亮面通常采用较浅的粉色来提亮色调（图110）。

Chapter 1
传达与表述

Chapter 2
由浅入深的设计表达

Chapter 3
设计逻辑带入效果表现

Chapter 4
技法与延伸

Chapter 5
主题空间表现

111

111 马克笔表达 作者：周任；指导老师：陈瀚

小贴士

马克笔的绘图上色在设计表述上已经非常常见，但能够将马克笔的表现绘制出独特风格的作品并不多。有时过多的色彩反而不好展现效果，单一的颜色加上马克笔粗细笔触的运用往往能给马克笔上色带来不一样的风格效果（图111）。

　　将马克笔的灰色调作为系列作品的基调色，对空间中主体物体以局部纯色上色，这是色调处理的技巧之一。结合轻松的墨线线条，马克笔同样能够像描线笔一样轻松地描绘，通过两种不同质感的笔触带给画面不一样的感觉（图112）。

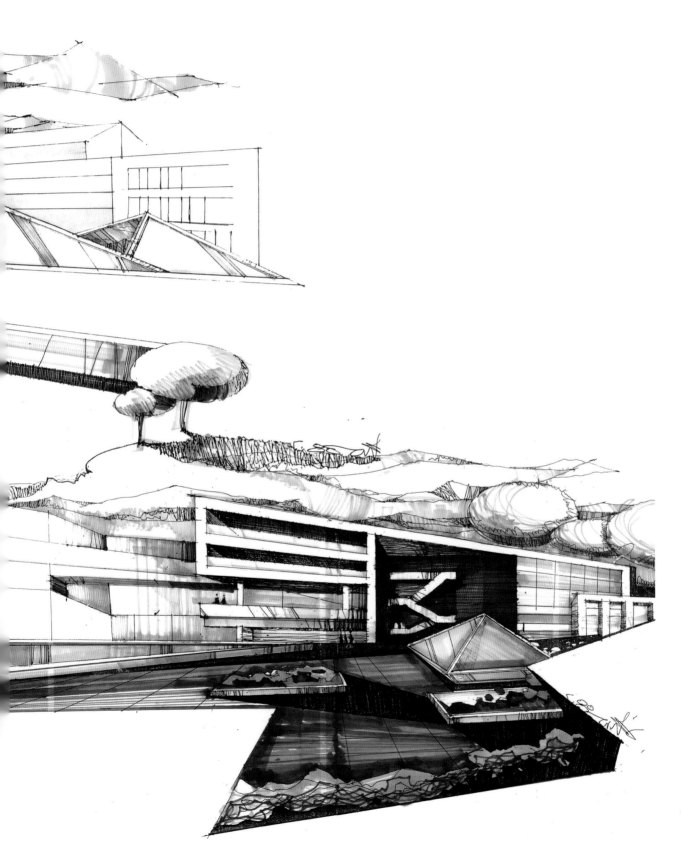

　　用尺子进行描线和上色的建筑
效果图，其效果通常简洁而硬朗，
但整体画面常常会给人以刚硬又冷
漠的感觉。绘图时可以将部分质感
较为柔软的物体用徒手的方式轻松
地描绘，这样刚柔并济的两种质地
的线条总能带给画面舒展的感觉
（图113、图114）。

114 马克笔表达　作者：张心

线条是绘图表现的一个非常关键的要素，合理对描绘的线条进行组织能够轻松地给画面各种不同的肌理变化，而为了呈现这些丰富的肌理效果，有时上色可以局部处理，让更多的线条裸露出来也是一种独特的风格特色（图115）。

115 电脑结合手绘表达 作者：王耿峰；指导老师：陈瀚

在网络与电脑技术高度发达的当代，电脑与设计的衔接已经非常的成熟，为了更加高效地完成设计任务，许多设计专业人员巧妙地将电脑与手绘结合表达，使画面既图像化又富有手绘艺术的效果（图116）。

116

喷绘的效果是早期手绘效果图表达的一种常用方式，而随着工具与科学的进步和发展，喷绘的绘图方式已经完全淡出设计绘图的舞台，但喷绘效果始终带着它别样的特点，在手绘绘图的历程中留下了它深刻的印记。

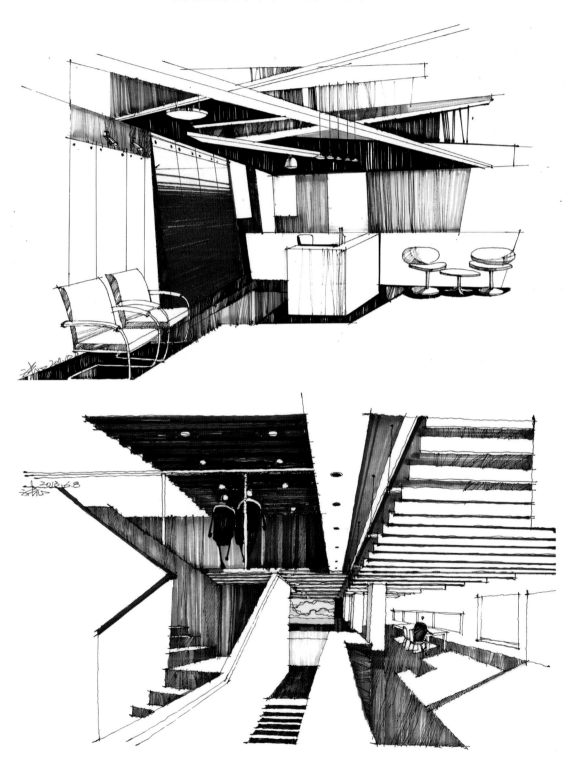

简约的现代室内空间多以白色调为空间基调，配以小面积的装饰色块，而白色的空间基调在绘图时多以灰色作处理，灰色配以纯色调也是前面空间配色中常见的一个方法，在现代简约空间中的运用非常普遍，手绘时效果也较突出（图117）。

效果图手绘风格是不被限定的，就如一般的绘画，风格万千，只要能够达到一定的艺术性就能够被认可。因此，一般绘画的不同方法我们都可以尝试将它们运用到效果描绘中（图118）。

🔍 课堂思考

1. 各种线条的描绘各有什么样的质感？

2. 常见的手绘风格类型有哪些？

118 《德国手绘建筑画》作者：乔纳森·安德鲁斯；译者：王晓倩；出版社：辽宁科学技术出版社

Chapter 5
专题空间表现

快题设计是在规定的时间内快速地理解设计主题，并快速地进行构思和表达的设计过程，在设计上要能够理解设计的要求，满足设计的各方面要求并要达到一定的艺术视觉效果。这类型的手绘表达效果是较为清晰准确的，而且在较短的时间内追求一定的艺术效果。

一、室内空间快题表现

室内空间设计快题表现是通过理解室内设计的主题要求，掌握室内快题的表现原则以及应用范围、表现方法和步骤要点，在限定的时间内进行设计构思，并把设计方案用手绘的方式快速地进行设计表述，目的在于通过室内快题的学习来培养学生快速表达室内方案设计的能力。在进行室内设计快题表达时要注意设计内容的连贯性，平面布置图的规划要求谨慎，强调平面布置，注意尺度比例的正确性（图119、图120）。

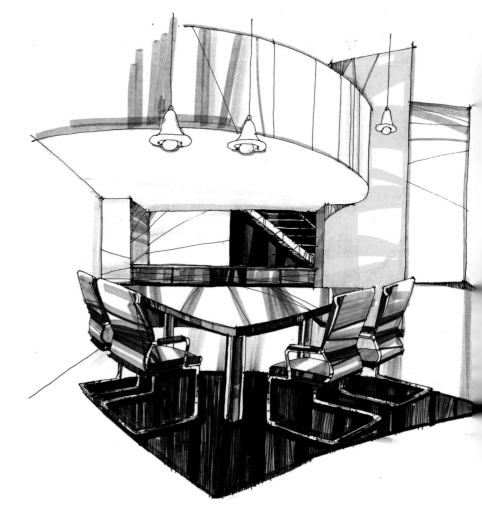

Chapter 1
传达与表述

Chapter 2
由浅入深的设计表达

Chapter 3
设计逻辑带入效果表现

Chapter 4
技法与延伸

Chapter 5
主题空间表现

119 办公空间设计 作者：苏畅

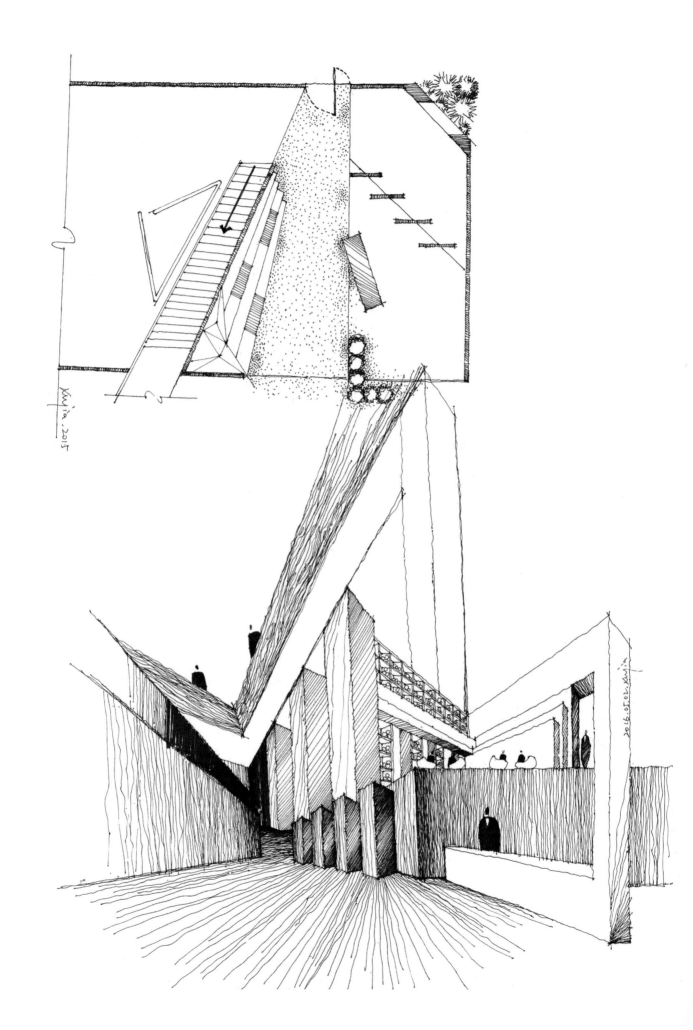

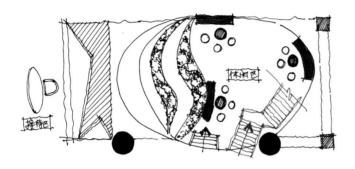

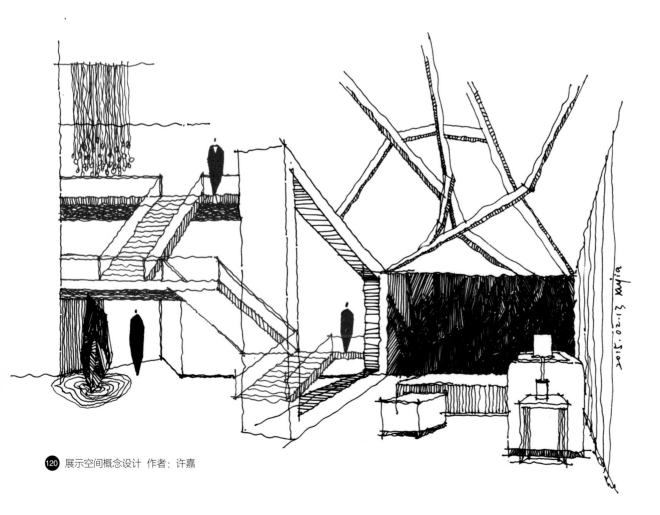

125

Chapter 1
传达与表述

Chapter 2
由浅入深的设计表达

Chapter 3
设计逻辑带入效果表现

Chapter 4
技法与延伸

Chapter 5
主题空间表现

二、建筑空间专题表现

　　建筑空间的专题与快题表现通常是从严谨的平面开始的，基于规范的规划条件，按要求进行建筑线退缩，满足了基本条件之后再进行空间创意的创作，规模较大较复杂的建筑规划设计可以依照从平面到立面再到空间的循序过程，空间效果图的绘制也可以选取几步进行（图121—图126）。

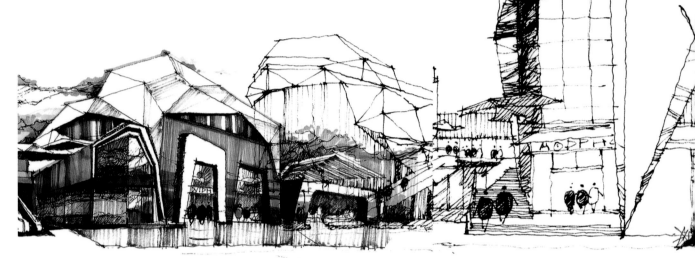

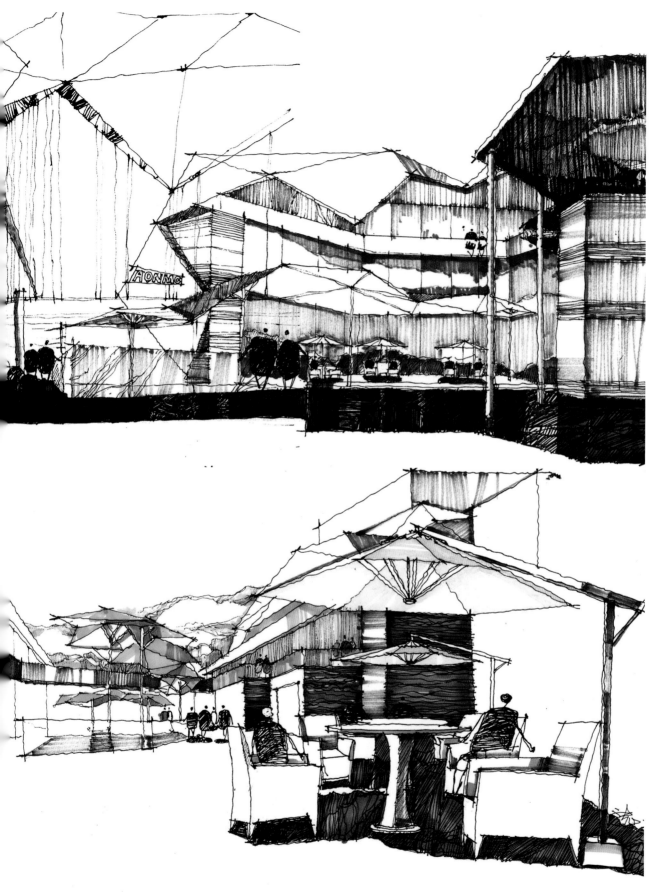

127

Chapter 1
传达与表述

Chapter 2
由浅入深的设计表达

Chapter 3
设计逻辑带入效果表现

Chapter 4
技法与延伸

Chapter 5
主题空间表现

121

Chapter 1
传达与表述

Chapter 2
由浅入深的设计表达

Chapter 3
设计逻辑带入效果表现

Chapter 4
技法与延伸

Chapter 5
主题空间表现

122 商业建筑体设计 作者：张心

Chapter 1
传达与表述

Chapter 2
由浅入深的设计表达

Chapter 3
设计逻辑带入效果表现

Chapter 4
技法与延伸

Chapter 5
主题空间表现

123

133

Chapter 1
传达与表述

Chapter 2
由浅入深的设计表达

Chapter 3
设计逻辑带入效果表现

Chapter 4
技法与延伸

Chapter 5
主题空间表现

124 商业建筑体设计 作者：张心

Chapter 1
传达与表述

Chapter 2
由浅入深的设计表达

Chapter 3
设计逻辑带入效果表现

Chapter 4
技法与延伸

Chapter 5
主题空间表现

125

126

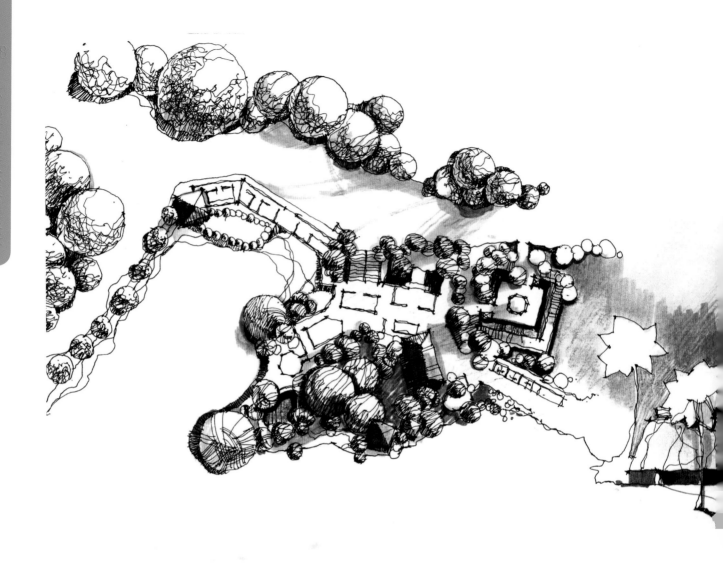

三、园林与景观空间专题表现

园林景观空间的专题设计需注意设计基地的"地形"、"地貌"等环境条件，读懂设计的前提条件。理解基地的地形因素等对设计布局及深化有深刻的意义，手绘的设计表述必须在以上严谨的设计程序下进行，从平面规划开始到具体的节点设计与绘图表达都需要有紧密的设计逻辑性（图127—图133）。

139

Chapter 1
传达与表述

Chapter 2
由浅入深的设计表达

Chapter 3
设计逻辑带入效果表现

Chapter 4
技法与延伸

Chapter 5
主题空间表现

127

127 景观空间图解 作者：张心

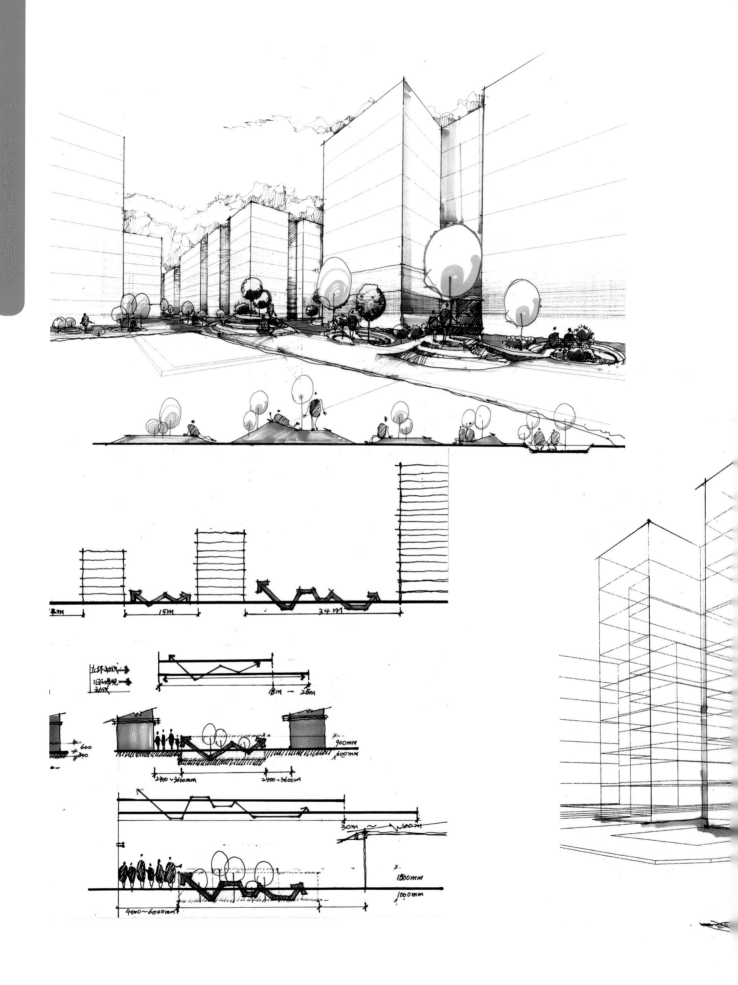

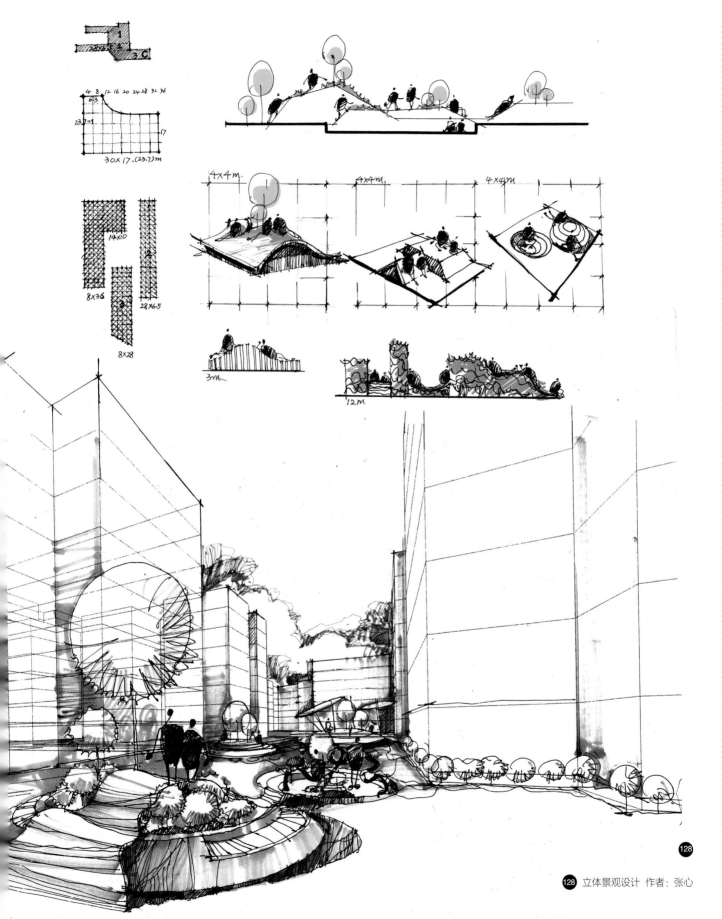

141

Chapter 1
传达与表述

Chapter 2
由浅入深的设计表达

Chapter 3
设计逻辑带入效果表现

Chapter 4
技法与延伸

Chapter 5
主题空间表现

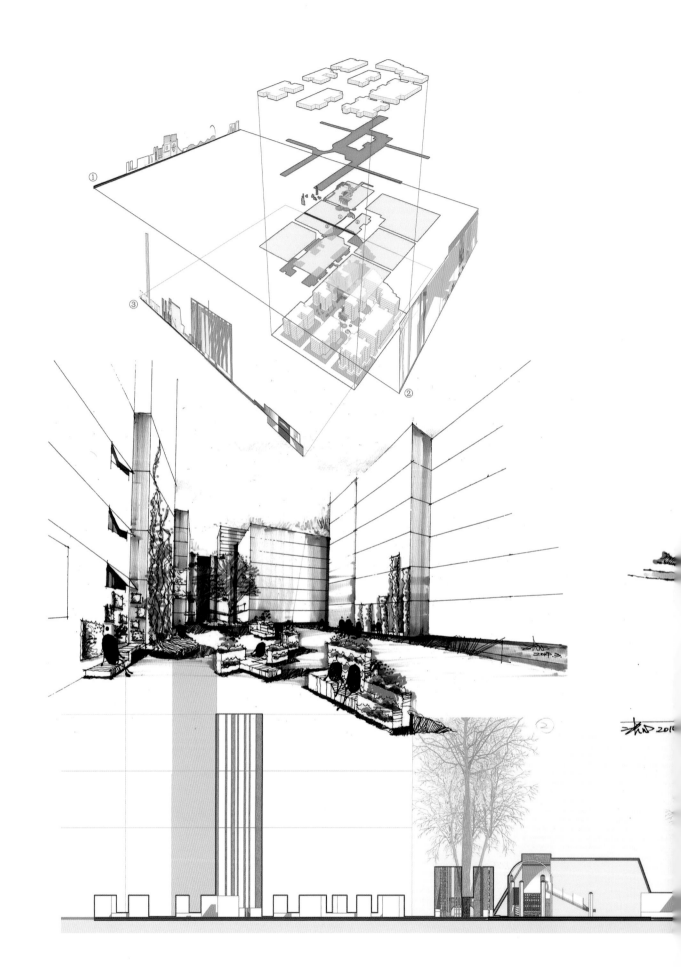

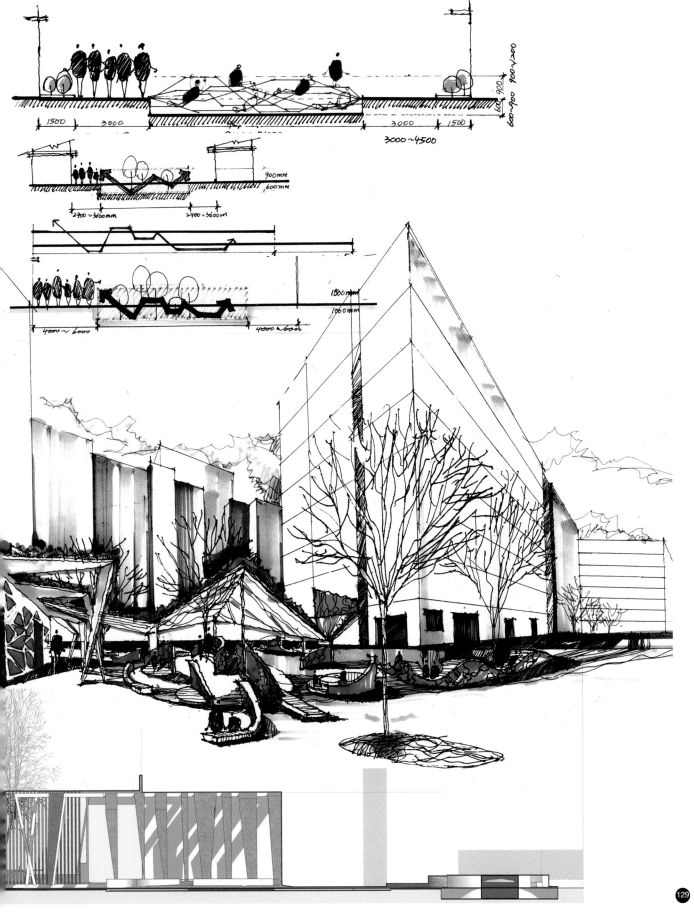

1500　3000　3000　1500

3000~4500

600~900
900

900mm
600mm

2400~3600mm　2400~3600mm

1500mm
1000mm

4000~6000　4000~6000

143

Chapter 1　传达与表述

Chapter 2　由浅入深的设计表达

Chapter 3　设计逻辑带入效果表现

Chapter 4　技法与延伸

Chapter 5　主题空间表现

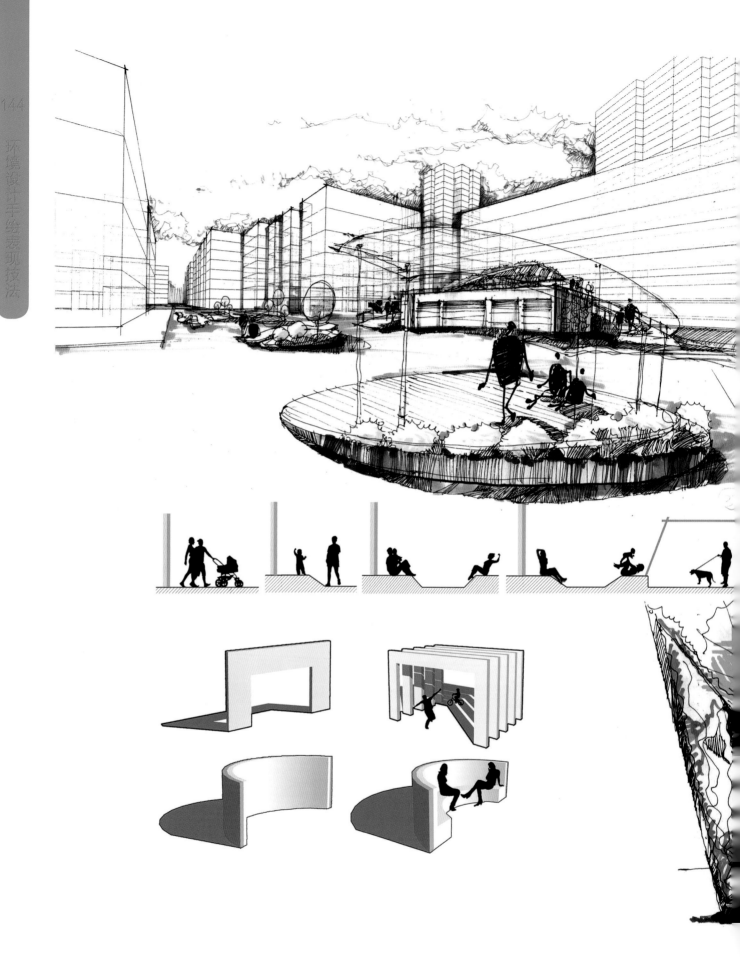

Chapter 1
传达与表述

Chapter 2
由浅入深的设计表达

Chapter 3
设计逻辑带入效果表现

Chapter 4
技法与延伸

Chapter 5
主题空间表现

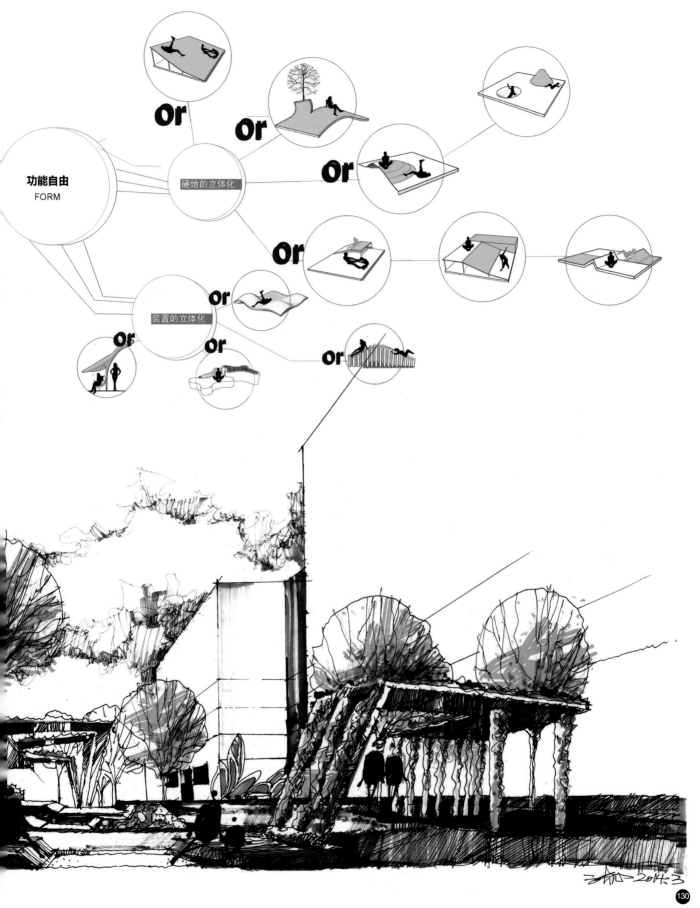

功能自由
FORM

硬地的立体化

装置的立体化

Or

130

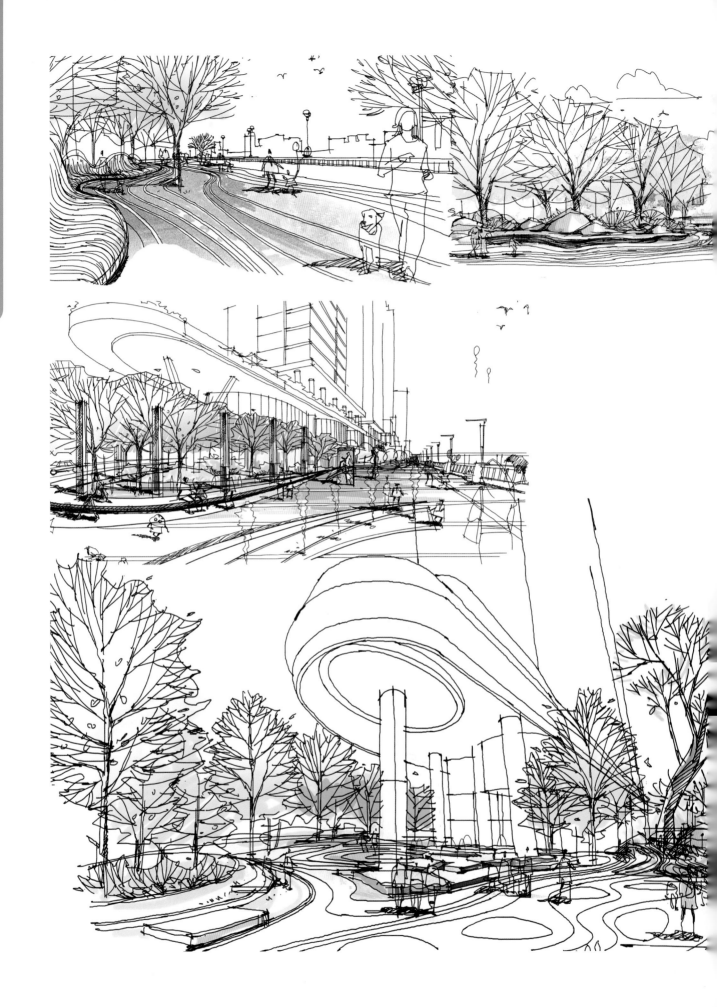

147

Chapter 1
传达与表述

Chapter 2
由浅入深的设计表达

Chapter 3
设计逻辑带入效果表现

Chapter 4
技法与延伸

Chapter 5
主题空间表现

131 景观空间节点设计 作者：王耿峰 指导老师：陈瀚

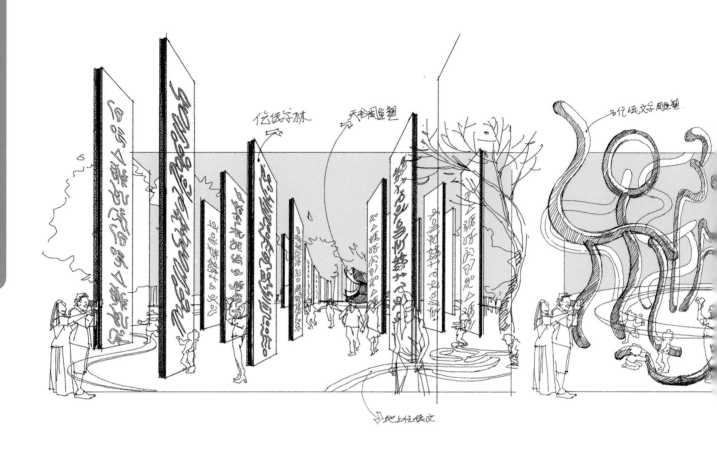

149

Chapter 1
传达与表述

Chapter 2
由浅入深的设计表达

Chapter 3
设计逻辑带入效果表现

Chapter 4
技法与延伸

Chapter 5
主题空间表现

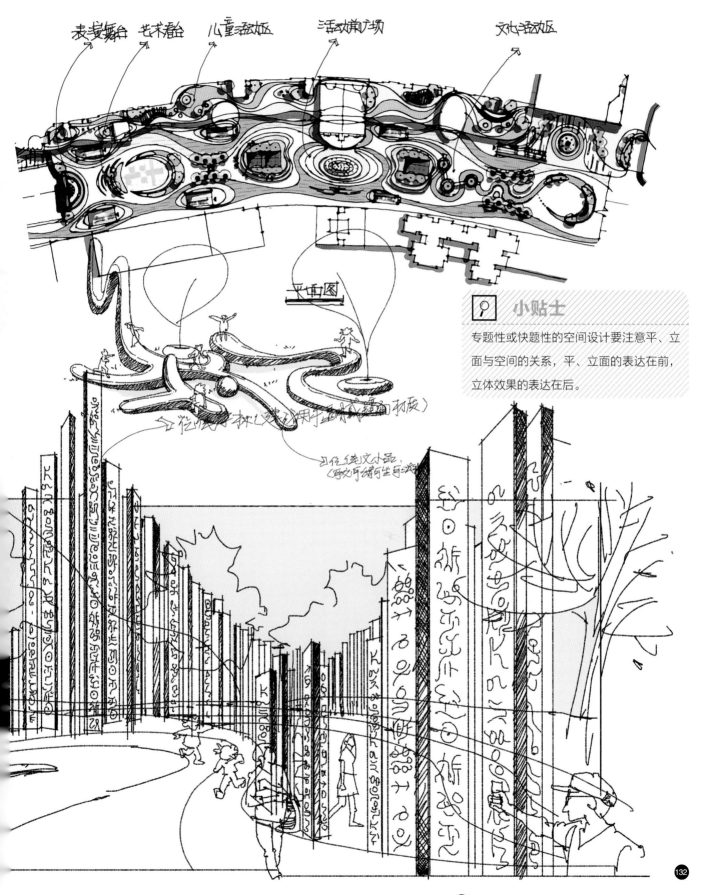

表演舞台　老术看台　儿童活动区　活动前广场　文化活动区

平面图

小贴士

专题性或快题性的空间设计要注意平、立面与空间的关系，平、立面的表达在前，立体效果的表达在后。

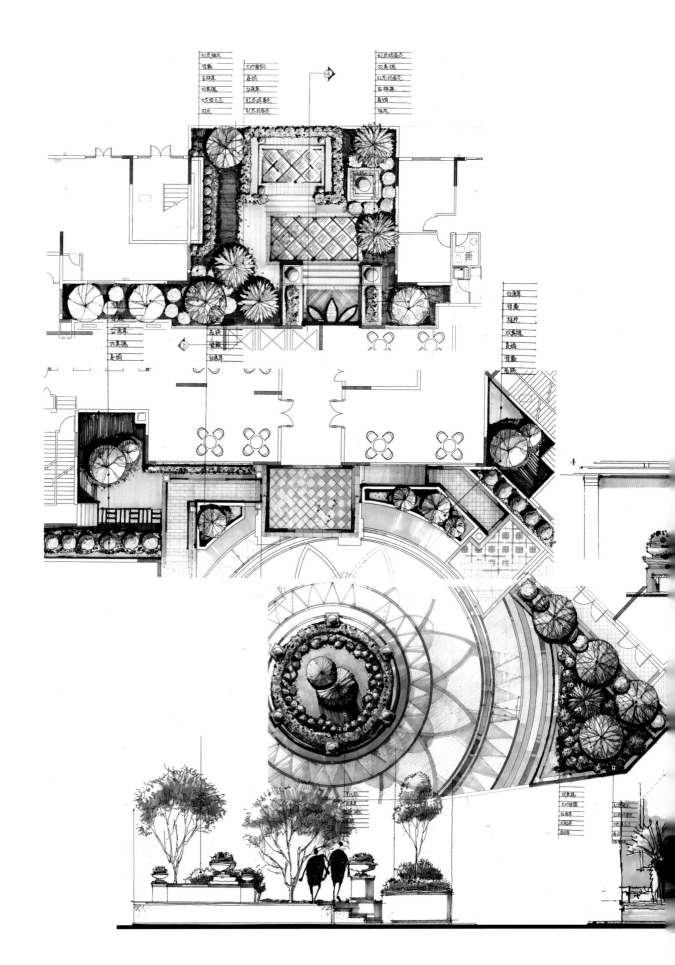

151

Chapter 1
传达与表述

Chapter 2
由浅入深的设计表达

Chapter 3
设计逻辑带入效果表现

Chapter 4
技法与延伸

Chapter 5
主题空间表现

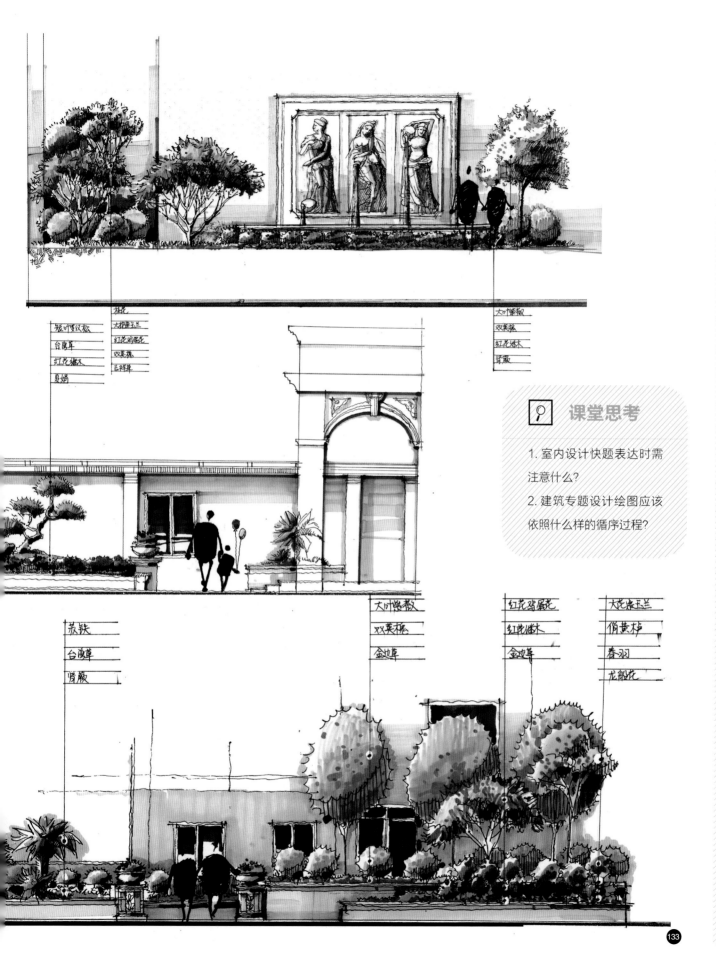

🔍 "环境设计手绘表现技法"课程教学安排建议

课程名称：环境设计手绘表现技法

总学时：60 学时

适用专业：艺术设计专业、环境设计专业

预修课程：素描色彩基础、三大构成、设计基础、设计程序等

一、课程性质、目的和培养目标

本课程为环境艺术设计专业的限定选修课程之一。该课程作为一门技能课题，它连接设计构思和设计最终方案的实现。通过老师的指导学习，使学生掌握各种空间的材料、技法、比例、色彩等的设计效果表现，培养学生对空间关系的认知和理解，并提升学生的设计思维和设计能力，为后续的设计专题课程打下良好的基础。

二、课程内容和建议学时分配

单元	课题内容	课时分配		
		讲课	作业	小计
1	了解手绘图与设计之间的关系；绘图工具的认识与准备；线条入门练习	10	6	16
2	马克笔入门及彩色铅笔入门；单体绘制及组合物体绘制	10	10	20
3	平面图与立面图的绘制；空间透视原理；技法练习	4	4	8
4	空间效果临摹；空间技法；空间设计与效果图表达	8	8	16
合　计		32	28	60

三、教学大纲说明

1. 与专业必修课制图原理相结合。

2. 将手绘表达与设计思维密切结合，贯穿设计表达的全过程。

3. 鼓励学生进行多种绘图风格的尝试，鼓励创新技法。

4. 理论与实践相结合，重实践，在实践过程中掌握手绘技能。

四、考核方式

第一单元占 15%，第二单元占 20%，第三单元占 35%，第四单元占 30%。